国家出版基金资助项目
"十二五"国家重点图书
材料研究与应用著作

低温等离子体表面强化技术

LOW TEMPERATURE PLASMA SURFACE STRENGTHENING TECHNOLOGIES

刘爱国 著

哈尔滨工业大学出版社
HARBIN INSTITUTE OF TECHNOLOGY PRESS

内 容 提 要

低温等离子体具有化学活性高,能够和电磁场产生相互作用的特点,在表面强化领域有着得天独厚的优势。将等离子体作为表面强化的处理环境或处理材料,可以降低处理温度、加快处理速度、提高处理质量、增强强化效果、降低处理成本、延长零部件使用寿命。

本书从实际应用角度阐述低温等离子体在表面强化领域的应用。首先对低温等离子体的本质、不同等离子体源的特性进行了探讨,然后介绍等离子体辅助物理气相沉积、等离子体增强化学气相沉积、等离子体辅助热处理、等离子体浸没离子注入与沉积、电弧喷涂、等离子喷涂以及堆焊等各种低温等离子体表面强化技术的原理、设备和应用。

本书可作为从事材料表面强化工作的技术人员、高等学校相关专业研究生和高年级本科生的参考书。

图书在版编目(CIP)数据

低温等离子体表面强化技术/刘爱国著. —哈尔滨:哈尔滨工业大学出版社,2015.9
ISBN 978 - 7 - 5603 - 4434 - 8

Ⅰ.①低… Ⅱ.①刘… Ⅲ.①等离子体应用-防腐-研究②等离子体应用-金属表面保护-研究 Ⅳ.①TG17

中国版本图书馆 CIP 数据核字(2015)第 158596 号

材料科学与工程
图书工作室

责任编辑	许雅莹 张秀华
封面设计	卞秉利
出版发行	哈尔滨工业大学出版社
社 址	哈尔滨市南岗区复华四道街 10 号 邮编150006
传 真	0451 - 86414749
网 址	http://hitpress.hit.edu.cn
印 刷	哈尔滨市石桥印务有限公司
开 本	787mm×960mm 1/16 印张 15.25 字数 262 千字
版 次	2015 年 9 月第 1 版 2015 年 9 月第 1 次印刷
书 号	ISBN 978 - 7 - 5603 - 4434 - 8
定 价	78.00 元

(如因印装质量问题影响阅读,我社负责调换)

前　　言

　　等离子体常被人们称为物质的第四态,这说明它从本质上和我们常见的物质是相同的,但在形态上和物质的气态、液态、固态又有非常大的差别。通过对这些差异的有效利用,人们可以获得一些通过物质常规状态无法获得的有利性能。其中之一,就是把等离子体用在材料表面性能的改变上,特别是金属材料表面性能的强化上。通过使用等离子体作为表面强化的处理环境或处理材料,可以在材料表面获得更高的耐磨性、耐蚀性、耐热性等多种所需的性能。

　　按照等离子体所处的温度范围,将工业中应用的等离子体分为高温等离子体和低温等离子体。用于材料表面强化的属于低温等离子体。低温等离子体具有化学活性高,能够和电磁场产生相互作用的特点,在表面强化领域有着得天独厚的优势。采用等离子体进行表面强化处理,可以降低处理温度、加快处理速度、提高处理质量、增强强化效果、降低处理成本、延长零部件使用寿命。

　　本书从实际应用角度阐述低温等离子体在表面强化领域的应用。首先对低温等离子体的本质、不同等离子体源的特性进行探讨,然后介绍等离子体辅助物理气相沉积、等离子体增强化学气相沉积、等离子化学热处理、等离子体浸没离子注入与沉积、电弧喷涂、等离子喷涂以及堆焊等各种低温等离子体表面强化技术的原理、设备和应用。

　　本书打破了传统学科领域划分的薄膜制备技术、涂层制备技术、熔敷堆焊技术之间的界限,从低温等离子体的共性及本质出发,对不同的低温等离子体表面强化技术的原理、特性和局限性进行了探讨,揭示出不同表面强化技术的共同本质,为跨越传统界限的低温等离子体表面强化技术找到了理论基础,将对新的低温等离子体表面强化技术的诞生起到促进作用。

本书由沈阳理工大学刘爱国、孙焕焕、孟凡玲撰写,其中第1、2、3、6、7、9章由刘爱国编写,第4、5章由孙焕焕编写,第8章由孟凡玲编写。

本书可作为从事材料表面强化工作的技术人员和高等学校相关专业研究生和高年级本科生的参考书。

由于时间仓促,作者水平有限,书中疏漏在所难免,请同行专家不吝赐教。

著　者

2015 年 3 月

目　　录

第1章 绪 论

1.1 机械零部件的失效

1. 失效的概念

工业生产中,常常由于设备或零部件的损坏造成生产过程的中断,带来巨大的经济损失,甚至造成严重的安全事故。这种设备或零部件的损坏,通常称为失效。按照《GB/T 2900.13—2008 电工术语 可信性与服务质量》的定义,失效是指产品完成要求的功能的能力的中断。

2. 失效的分类

根据失效产生的机理,可以将失效分为三大类:机械力作用失效、腐蚀作用失效、高温作用失效。

根据失效的表现形式,也可以将失效分为三大类:断裂失效、表面损伤失效和过量变形失效。在这三大类中,按失效的机制不同,又可分为若干小类,如图1.1所示。

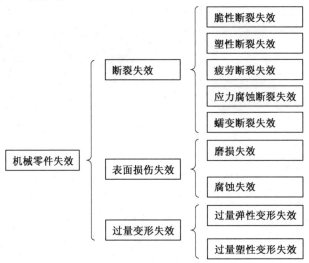

图 1.1　机械零件失效的分类

毫无疑问,断裂曾经是机械零部件失效的主要形式。但随着材料科学的不断进步和材料加工技术的日臻成熟,机械零部件的断裂失效问题正在得到逐步解决,断裂失效在总的失效中的比例也在逐步下降。而由于磨损和腐蚀造成的表面损伤失效的比例却在不断增加。据统计,世界钢材约10%因腐蚀而损失,机电产品失效的原因70%属于腐蚀和磨损,机电产品制造和使用中约1/3的能源直接消耗于摩擦、磨损。2003年中国工程院发布腐蚀调查报告指出,2002年我国因腐蚀造成损失近5 000亿元,占当年GDP的6%。中国工程院咨询项目《摩擦学科学及工程应用现状与发展战略研究》的调研结果表明:2006年我国因摩擦、磨损而导致的损失高达9 500亿元。

1.2 磨损失效

1. 磨损的概念

磨损是指发生在表面上的相对运动造成的物体表面物质的逐渐流失。

2. 磨损的分类

磨损的分类方法很多,对磨损的分类也很不一致。但近些年,国际上基本达成了一致的认识,即按照磨损机理,将磨损分为四类:磨料磨损、黏着磨损、疲劳磨损、腐蚀磨损。图1.2所示为四种磨损表面的典型形貌。

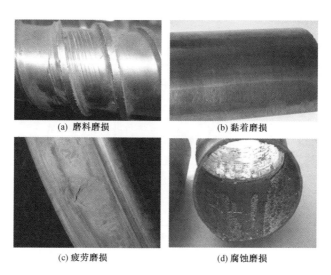

(a) 磨料磨损　　　　　　　　(b) 黏着磨损

(c) 疲劳磨损　　　　　　　　(d) 腐蚀磨损

图1.2　四种磨损表面的典型形貌

磨料磨损是指由硬颗粒或硬突起对表面切削或刮削作用引起的一种机械磨损。

磨料磨损是目前分析得最透彻的一种磨损机理,是工业领域最重要的一种磨损类型,约占磨损总量的50%。磨料磨损过程中,磨料对被磨材料的破坏主要有三种方式:微犁沟、微切削、微裂纹。图1.3所示为磨料和钢表面相互作用产生的三种破坏方式的显微形貌。

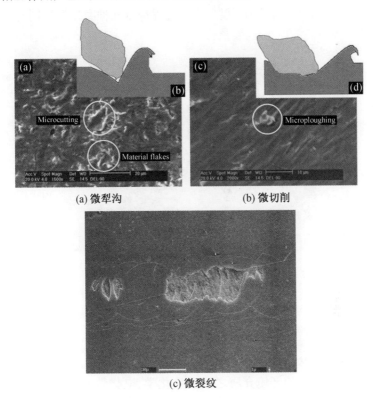

(a) 微犁沟　　　　　　　　　(b) 微切削

(c) 微裂纹

图1.3　磨料和钢表面相互作用产生的三种破坏方式的显微形貌

黏着磨损是指由于黏着作用使材料由一表面转移至另一表面或脱落引起的磨损。

疲劳磨损是指相对滚动或滑动的摩擦副,在接触区的循环应力超过材料的疲劳强度时,在表面层或亚表层引发裂纹并逐步扩展,最后导致裂纹以上的材料断裂并剥落下来的磨损过程。

腐蚀磨损是指化学或电化学反应在摩擦副材料流失中起重要作用的磨损。

另一种比较常见的磨损分类方法是从磨损机理角度出发的,将冲蚀磨损作为单独的一种磨损类型考虑,即将磨损分为五类,除上述四种磨损类型外还包括冲蚀磨损。

冲蚀磨损是指液滴、固体颗粒或多元流体(即流体中含有固体粒子或液滴)和固体做相对运动时,对固体表面产生的磨损。图1.4所示为冲蚀磨损形貌。从磨损机理的角度讲,冲蚀磨损可以看作磨料磨损和疲劳磨损的共同作用。在实际工程中,很多磨损过程都是几种磨损机理同时作用的结果。

图1.4 冲蚀磨损形貌

1.3 腐蚀失效

1. 腐蚀的概念

金属和它所处的环境介质之间发生化学、电化学或物理作用,引起金属的变质和破坏,称为金属的腐蚀。

2. 金属腐蚀的分类

金属腐蚀有很多不同的分类方法。

(1)按腐蚀的原理分类

按腐蚀的原理分为化学腐蚀、电化学腐蚀。

化学腐蚀是由于金属表面与环境介质发生化学作用而引起的,它的特点是在化学作用过程中没有腐蚀电流产生。金属在干燥的气体介质中和在不导电的液体介质(如酒精、石油)中发生的腐蚀都属于化学腐蚀。

电化学腐蚀是金属在导电的液态介质中由于电化学作用而导致的腐

蚀,在腐蚀进行过程中有腐蚀电流产生。大气腐蚀、海水腐蚀、土壤腐蚀等都属于电化学腐蚀。

（2）按破坏形式分类

按破坏形式金属腐蚀分为均匀腐蚀和局部腐蚀两大类。

当金属发生均匀腐蚀时,腐蚀作用均匀地分布在整个金属表面上。这类腐蚀虽然可以造成损害,但相对来说其危害性没有局部腐蚀那样严重。

当金属发生局部腐蚀时,腐蚀作用集中在某一定的区域内,而金属的其余部分却几乎没有发生腐蚀。局部腐蚀的类型很多,主要有电偶腐蚀、点蚀(孔蚀)、缝隙腐蚀、晶间腐蚀、选择性腐蚀、应力腐蚀、磨损腐蚀、腐蚀疲劳等。

（3）按具体的腐蚀环境分类

按照具体的腐蚀环境,金属腐蚀分为:大气腐蚀、电解质溶液腐蚀、海水腐蚀、土壤腐蚀、熔盐腐蚀、有机气氛腐蚀、生物腐蚀和其他特殊环境的腐蚀。

图 1.5~1.8 是一些零部件遭受腐蚀的照片。

图 1.5　地下储罐的电化学腐蚀

图 1.6　加热器加热管的腐蚀

图1.7 冷凝器的腐蚀

图1.8 船体的腐蚀

1.4 低温等离子体表面强化

磨损和腐蚀是导致零部件失效的重要原因,采取一定的措施控制和减少磨损、腐蚀的发生是非常必要的。表面强化是控制和减少磨损、腐蚀的重要措施之一。

表面强化是指通过一定的表面处理工艺手段,提高材料表面的耐磨、耐蚀、耐热等性能。表面强化可以通过表面改性技术或表面覆层技术来实现。采用表面改性技术可以改变基体表层和近表层的性能,而基体材料仍然暴露在表面上。采用表面覆层技术可以在基体表面覆盖一层新的材料,基体表面被完全包裹起来,表面性能取决于覆盖层材料性能。根据覆盖层材料的厚度,通常将覆盖层分为薄膜和涂层两大类。这种分类方法并不十分严格,一般将厚度为几微米及以下的覆盖层称为薄膜(film),将厚度为几十微米及以上的覆盖层称为涂层(coating)。

表面强化技术种类非常多,表1.1所列为一些常用的表面强化技术。

表1.1 常用表面强化技术

表面改性技术	薄膜沉积技术	涂层制备技术
表面形变强化	物理气相沉积	热喷涂
表面热处理	化学气相沉积	高分子涂装
离子注入	溶胶-凝胶法	堆焊
阳极氧化	热浸镀	熔敷
	电镀	高温自蔓延
	化学镀	搪瓷
	电刷镀	
	电火花沉积	

等离子体作为物质的一种特殊存在形式,具有化学活性高、能够和电磁场产生相互作用的特点,这样的特点决定了等离子体在表面强化领域有着得天独厚的优势。将等离子体作为表面强化的处理环境或处理材料,可以降低处理温度、加快处理速度、提高处理质量、增强强化效果、降低处理成本、延长零部件使用寿命。另外,热等离子体还有很高的温度,可以在涂层制备过程中作为高效热源使用。因此,等离子体技术在表面强化领域获得了非常广泛的应用。

使用等离子体作为处理环境或处理材料的表面强化处理技术种类繁多,应用广泛的一些等离子体表面强化技术如表 1.2 所示。在这些技术中既有使用冷等离子体的,也有使用热等离子体的;既有在真空中处理的,也有在大气条件下进行的。

表 1.2　常用低温等离子体表面强化技术

	表面改性技术	薄膜沉积技术	涂层制备技术
冷等离子体	等离子体辅助热处理	PEPVD	
	PIII	PECVD	
热等离子体			电弧喷涂
			电弧堆焊
			等离子喷涂
			等离子喷焊

冷等离子体表面强化技术主要包括:等离子体增强物理气相沉积(Plasma Enhanced Physical Vapour Depostion,PEPVD)、等离子体增强化学气相沉积(Plasma Enhanced Chemical Vapour Depostion,PECVD)、等离子体辅助热处理(Plasma Assisted Heat Treatment)、等离子体浸没离子注入(Plasma Immersion Ion Implantation,PIII)。热等离子体表面强化技术主要包括:电弧喷涂、电弧堆焊、等离子喷涂、等离子喷焊等,其中等离子体辅助热处理,PIII 属于表面改性技术,PEPVD、PECVD、电弧喷涂、电弧堆焊、等离子喷涂、等离子喷焊属于表面覆层技术。每一种表面强化技术都有其优点和缺点及适合的应用范围,要根据具体的表面强化要求进行选择。

传统的表面工程分类方法,通常将冷等离子体表面强化技术和热等离子体表面强化技术完全割裂开来,把电弧喷涂、电弧堆焊、等离子喷涂、等离子喷焊等方法归类为表面熔敷技术,而把 PEPVD,PECVD 等方法归类为表面沉积技术;或者把电弧喷涂、等离子喷涂归类为涂层技术,而把

PEPVD、PECVD 等方法归类为薄膜技术。这种分类方法固然有一定的道理,但按这样的分类,完全忽视了这些方法本质上的统一性,不利于从原理和本质上探究各种技术的特点,不利于综合不同技术的优势而开发新的工艺。从事冷等离子体表面强化和热等离子体表面强化的研究人员和工程技术人员也往往被局限在自己的领域。从事溅射沉积的人,谈到电弧放电时,会认为"容易造成靶材熔化、电源烧毁,应该避免"。而从事堆焊、喷涂的人则仅仅将电弧作为一种热源来使用,很少去利用等离子体的高反应活性、受电磁场作用的特性,甚至不将电弧作为等离子体对待。这些观点无疑会严重限制已有技术的拓展应用和新技术的诞生。事实上,冷等离子体和热等离子体同为等离子体,具有很多共同的特性,遵从相同的物理规律。将前述这些表面强化技术作为等离子体表面强化技术整体考虑,而不是人为地割裂开来,不仅有助于促进拓展已有技术的应用范围,而且有助于开发新的等离子体表面强化技术。值得高兴的是,传统观念的藩篱正在被打破,一些跨越两个领域的新技术正在不断涌现。利用电弧放电产生等离子体的真空电弧等离子体沉积,可以产生比辉光放电更高的等离子体密度;利用射频等离子体加热粉末材料的感应等离子喷涂,比常规等离子喷涂温度低、加热时间长,没有电极污染;在真空环境下工作的超低压等离子喷涂能够制备出与 EB-PVD 技术制备的柱状晶涂层类似的类柱状晶热障涂层,抗热震性能甚至更优,而其制备速度远高于 PVD 技术。本书试图从整体的角度考虑等离子体表面强化技术,介绍各种不同工艺的物理基础、工艺特点和适用范围。

参考文献

[1] 杨芙,田蘅,柯汉奎,等. GB/T 2900.13—2008 电工术语 可信性与服务质量[M].北京:中国标准出版社,2009.
[2] 庄东汉. 材料失效分析[M].上海:华东理工大学出版社,2009.
[3] 宋丽丽,宋希剑. 近年我国新材料新技术在防磨抗蚀领域的应用[J].新材料产业,2009(2):54-57.
[4] 柯伟. 中国腐蚀调查报告[M].北京:化学工业出版社,2003.
[5] 张嗣伟. 我国摩擦学工业应用的节约潜力巨大——谈我国摩擦学工业应用现状的调查[J].中国表面工程,2008,21(2):50-52.
[6] LUDEMA K C. Friction, wear, lubrication: a textbook in tribology[M]. Boca Raton: CRC Press Inc., 1996.

[7] FLORES J F, NEVILLE A, KAPUR N, et al. Erosion-corrosion degradation mechanisms of Fe-Cr-C and WC-Fe-Cr-C PTA overlays in concentrated slurries[J]. Wear, 2009, 267(11): 1811-1820.

[8] DEVIA M U, CHAKRABORTYB T K, MOHANTYA O N. Wear behaviour of plasma nitrided tool steels[J]. Surface and Coatings Technology, 1999, 116-119: 212-221.

[9] RAPOPORTA L, LAPSKERA I, LEVINB L. Crack propagation in nitrogen-implanted glassy carbon observed during scratch testing[J]. Surface and Coatings Technology, 1998, 105(1-2): 117-124.

[10] 李国英. 材料及其制品表面加工新技术[M]. 长沙:中南大学出版社, 2003.

[11] 徐滨士,朱绍华. 表面工程的理论与技术[M]. 北京:国防工业出版社,2010.

[12] 李敏,李惠东,李惠琪,等. 等离子体表面改性技术的发展[J]. 金属热处理,2004,29(4):5-9.

[13] 徐松. 金属材料磨损失效及防护的探讨[J]. 现代经济信息, 2010(1):217.

[14] 刘广平. 工程机械磨损失效分析和抗磨措施[J]. 农业技术与装备, 2010(4):7-8.

[15] 祖方遒,陈忠华,鲁幼勤. 金属衬板材料的发展及其磨损失效机制概述[J]. 现代铸铁,2010(3):24-30.

[16] 闫存富,陶怡,刘军. 齿轮磨损失效形式的研究及改进[J]. 广西轻工业,2010(7):45-46.

[17] 屈晓斌,陈建敏,周惠娣,等. 材料的磨损失效及其预防研究现状与发展趋势[J]. 摩擦学学报,1999(2):92-97.

[18] 周平安. 磨损失效分析及耐磨材料的现状和展望[J]. 水利电力机械, 1999(5):3-5.

[19] 刘家海,袁红斌. 旋风分离器磨损失效分析与对策[J]. 石油化工设备技术,2000(3):12-16.

[20] 关成君,陈再良. 机械产品的磨损——磨料磨损失效分析[J]. 理化检验(物理分册),2006(1):50-54.

[21] 朱华,吴兆宏,李刚,等. 煤矿机械磨损失效研究[J]. 煤炭学报, 2006(3):380-385.

［22］龙浩.工程机械零部件磨损失效和抗磨措施［J］.中国高新技术企业，2011(8):65-66.

［23］柏耀星,邱明,李迎春,等.关节轴承磨损失效的研究现状及进展［J］.现代制造工程,2012(4):138-142.

［24］冯益华,万金领.机械设计中的磨损和磨损失效［J］.山东轻工业学院学报(自然科学版),1997(3):26-29.

［25］王长生,张荣渊,罗美华,等.粉碎机锤片的磨损失效分析及表面强化工艺［J］.洛阳工学院学报,1998(4):8-12.

［26］贺红梅,崔朝英,李立明.火电厂水冷壁管腐蚀失效常见形式简介［J］.理化检验(物理分册),2005(6):301-303.

［27］余建星,王广东,王亮,等.船舶金属腐蚀失效与防护研究［J］.海洋技术,2005(1):40-43.

［28］赵敏,康强利,郭兴建,等.腐蚀失效分析方法及展望［J］.理化检验(物理分册),2006(12):624-627.

［29］高中科,柳建军,郑永红,等.常压加热炉炉管腐蚀失效分析及对策［J］.石油化工设备技术,2007(5):41-43.

［30］孙新海.立式圆筒钢制储罐腐蚀失效调查［J］.石油化工腐蚀与防护,2002(3):35-38.

［31］陈德斌,胡裕龙,陈学群.舰船微生物腐蚀研究进展［J］.海军工程大学学报,2006(1):79-84.

［32］祁庆琚.金属腐蚀数据库的研究进展与展望［J］.四川化工,2006(1):31-34.

［33］陶琦,李芬芳,邢健敏.金属腐蚀及其防护措施的研究进展［J］.湖南有色金属,2007(2):43-46.

［34］刘伟,蒲晓林,白小东,等.油田硫化氢腐蚀机理及防护的研究现状及进展［J］.石油钻探技术,2008(1):83-86.

［35］蒋波,杜翠薇,李晓刚,等.典型微生物腐蚀的研究进展［J］.石油化工腐蚀与防护,2008(4):1-4.

［36］屈庆,严川伟,曹楚南.金属大气腐蚀实验技术进展［J］.腐蚀科学与防护技术,2003(4):216-222.

［37］萧以德,张三平,曹献龙,等.我国大气腐蚀研究进展［J］.装备环境工程,2005(5):8-14.

［38］郑传波,黄彦良,朱永艳,等.金属大气腐蚀实验方法进展与研究动态［J］.海洋科学,2005(11):77-80.

［39］林翠,李晓刚,王光雍.金属材料在污染大气环境中初期腐蚀行为和机理研究进展[J].腐蚀科学与防护技术,2004(2):89-95.

［40］林翠,王凤平,李晓刚.大气腐蚀研究方法进展[J].中国腐蚀与防护学报,2004(4):58-65.

［41］邢晓夏,刘均洪.生物腐蚀的研究进展[J].化学工业与工程技术,2005(2):31-34.

［42］罗正贵,闻荻江.铜的腐蚀及防护研究进展[J].武汉化工学院学报,2005(2):17-21.

［43］王飚.抗磨损抗腐蚀材料的新进展[J].材料科学与工程,2000(4):116-120.

［44］董亮,路民旭,杜艳霞,等.埋地管道交流腐蚀的研究进展[J].中国腐蚀与防护学报,2011(3):173-178.

［45］张春辉,马红岩,王茂才.钛合金表面强化新进展[J].钛工业进展,2003(Z1):49-52.

［46］王智祥,林立杰.表面强化新技术在模具制造领域中的应用与进展[J].模具工业,2004(7):52-56.

［47］汤宝寅,王松雁,刘爱国,等.等离子体浸没离子注入及表面强化工艺的进展[J].材料科学与工艺,1999(S1):181-185.

［48］王飙.水轮机抗磨蚀表面强化技术现状和应用评价[J].云南工业大学学报,1999(2):6-8.

［49］邢海生,林峰,潘邻.奥氏体不锈钢表面强化技术研究及进展[J].热处理技术与装备,2011(2):1-6.

［50］田亚媛,瞿皎,秦亮,等.齿轮表面强化技术研究现状[J].热加工工艺,2011(24):211-215.

［51］闻立时.气相沉积表面强化技术的新进展[J].材料保护,1987(1):4-7.

［52］浣印江.工具钢表面强化处理的进展[J].装备机械,1988(4):54-55.

［53］董定乾.模具表面强化技术应用现状及发展[J].大众科技,2008(11):136-137.

［54］刘彧.日本工模具钢及表面强化工艺现状[J].国外金属热处理,1996(Z1):18-22.

第2章 等离子体与等离子体源

等离子体是以等离子状态存在的物质。等离子状态是指物质原子内的电子脱离了原子核的束缚,物质以正负带电粒子的状态存在。人们有时又把等离子状态称为物质存在的第四态。

按等离子体的产生和维持方式,可以将等离子体分为天然等离子体和人工等离子体。用于工业生产的等离子体都是人工产生的。虽然从整个宇宙的范围内看,天然等离子体占了已知物质的大部分,等离子状态是物质存在的普遍形式,但在我们日常生活中,物质通常以固态、液态、气态三种形态存在,等离子状态并不常见。这是因为在日常生活的温度范围内,正负带电粒子会在电场的作用下,趋向于复合,等离子状态难以稳定存在。要在这样的环境中维持等离子体的存在,必须向体系中不断输入能量。也就是说,这样的等离子体需要依靠一定的装置来产生和维持。用于产生等离子体的装置,称为等离子体源。本章主要介绍等离子体和等离子体源。

2.1 等离子体的概念和特点

2.1.1 等离子体

简单地说,等离子体就是电离的气体。

通常情况下,一种物质在温度由低到高的变化过程中,会经历固态、液态、气态的变化过程。当温度继续升高,原子外层电子将获得足够高的能量,挣脱原子核的束缚,成为自由电子,即发生了电离。充满整个空间的气体不再是由单一的分子或原子组成,而是由带正电荷的离子、带负电荷的电子以及中性粒子组成。由于带正电荷的离子和带负电荷的电子是在电离过程中由中性粒子成对产生的,因此整个等离子体中的正负电荷数量相等。而是否存在中性粒子,以及中性粒子存在的比例,则取决于气体电离的程度。气体电离的程度称为等离子体的电离度。这种电离的气体,就是等离子体。等离子体可以是部分电离的,像等离子体表面处理中常用的辉光放电等离子体,其电离度通常为 1% ~ 10%;也可以是全部电离的,像高温核聚变反应中的等离子体,其电离度可以达到100%。

2.1.2 等离子体产生的方式

要产生等离子体,必须向气体中提供一定的能量。按照提供能量的方式不同,可以将等离子体产生的方式分为热致电离、气体放电电离、光致电离。

1. 热致电离

任何物质加热到足够高的温度,都能变成等离子体。随着温度升高,粒子随机运动的动能不断增大,当粒子所具有的动能在粒子碰撞时足够使其中一个粒子发生电离,就能获得等离子体。因此从本质上说,热致电离产生等离子体的机理是粒子碰撞。

热致电离等离子体的电离度随温度升高而增大,随气体压力增大而减小。

尽管从原理上讲,热致电离是产生等离子体最简单的方法,在实际中却不使用这种方法,原因很简单,找不到熔点那么高的容器。

2. 气体放电电离

通常气体介质中都会存在少量自由电子,在气体介质两端施加电场,这些自由电子会受到电场加速。当电子的能量达到一定值时,和中性粒子碰撞,会造成中性粒子电离,从而获得更多的自由电子。碰撞获得的电子也会受到电场加速,引起进一步的电离。这种雪崩式的电离过程使气体介质中出现大量自由电子,成为导电介质。同时,荷电粒子定向运动,形成电流。这种物理现象称为气体放电。

气体放电可以分为非自持放电和自持放电两种情况,产生等离子体时发生的是自持放电。

图 2.1 所示为气体放电的伏安特性曲线。在气体介质两端加上一定电压后,有小电流流过,这是由于宇宙射线等因素造成气体介质电离出少量自由电子形成电流。随着电压提高,电流增长量不大。当电压值达到一定程度后,不再提高,进入气体放电状态。这一阶段放电的特点是放电电压较高,放电电流极小,气体不发光。通常将这一阶段的放电称为汤逊放电或暗放电。汤逊放电属于非自持放电。

当放电电流继续增加,气体发生雪崩式电离,进入自持放电阶段。当放电电流增加到足够大时,就转变为辉光放电。其特点是,电极附近有辉光产生,在正常辉光放电范围内具有上升的伏安特性。辉光放电通常在较低气压下进行。在较低气压下,粒子的平均自由程大,即使在较弱的电场下,电子也能获得足够的能量,碰撞中性粒子,产生电离。

当电流增加到某一数值后,电压突然变得很小,转变为电弧放电。其特点是放电电压很低,而放电电流很大,电极间整个放电区域发出很强的光和热,具有下降的伏安特性。

气体放电方式产生的等离子体主要包括以下几种:直流辉光放电等离子体、高频辉光放电等离子体、电弧等离子体、等离子弧。

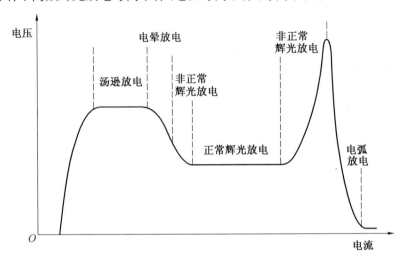

图 2.1　气体放电的伏安特性曲线

3. 光致电离

激光具有能量集中和易于控制的特点。利用激光产生的高能量密度脉冲,经透镜聚焦,照射到气体上,气体在短时间内吸收大量能量,发生电离,形成等离子体,称为光致电离。

2.1.3　等离子体的温度

温度是表示物体冷热程度的物理量,微观上讲是物体分子或原子热运动的剧烈程度。温度是物体分子或原子运动平均动能的一种表现形式,是大量分子或原子热运动的集体表现,具有统计意义,对于个别分子或原子温度是没有意义的。即使对于大量分子或原子也只有达到热力学平衡状态,温度才有意义。

对于等离子体来说,温度概念的使用需要区别情况对待。

对于特别稀薄的等离子体,如星际空间等离子体,粒子间的碰撞和能量交换很难进行,等离子体长期处于远离热力学平衡状态,温度是不确定的。

对于辉光放电等离子体,其电子和重粒子分别处于热力学平衡状态,由于电子和重粒子质量相差太大,而且碰撞次数有限,在两类粒子间无法建立热力学平衡。电子的运动速度很高,其温度可达到上万K。而重粒子的运动速度很低,温度在室温附近,这种等离子体常称为双温等离子体。

对于高密度等离子体来说,粒子平均自由程缩小,粒子间的碰撞大大增加,等离子体各种粒子间可以达到热力学平衡,具有统一的热力学温度。

按照等离子体的温度可以将工业中应用的等离子体分为高温等离子体和低温等离子体,低温等离子体按照重粒子温度又可以进一步分为热等离子体和冷等离子体。

高温等离子体是指各种粒子具有统一的热力学温度的等离子体,其温度为 $10^6 \sim 10^8$ K。如核聚变等离子体即属于高温等离子体。

低温等离子体是指各种粒子不一定具有统一的热力学温度的等离子体,其温度为室温到 3×10^4 K。

热等离子体是指各种粒子基本达到了热力学平衡的等离子体,其温度为 $3 \times 10^3 \sim 3 \times 10^4$ K。如电弧等离子体和等离子弧即属于热等离子体。

冷等离子体是指电子和正离子、中性粒子达不到热力学平衡,电子温度达上万度,而正离子和中性粒子温度在室温附近的等离子体。如辉光放电等离子体就属于冷等离子体。

2.1.4 等离子体的特点

1. 导电性

等离子体中含有大量的正离子和自由电子,在外电场的作用下,正离子和自由电子将会分别朝向电场方向和电场反方向运动,表现出很强的导电性。

2. 准电中性

等离子体中存在大量带正电荷的离子和带负电荷的电子,它们的电荷数量相等,因此在一定的空间范围和时间范围内,等离子体表现出准电中性。在一定尺度上对电中性的偏离,即正负电荷分离,将在该空间内形成很高的电场强度,促使电荷回复到原来的位置,恢复电中性。

之所以说等离子体呈现的是准电中性,是因为等离子体中的中性粒子、正离子和自由电子不是处于稳定状态,电子和正离子碰撞会复合成中性粒子,而中性粒子受到激发又会电离成电子和正离子。等离子体中始终发生着复合和电离的动态过程。在粒子平均自由程尺度上,等离子体不再具有电中性。

3. 与电磁场的可作用性

等离子体是由荷电粒子组成的导电体,和电磁场会产生强烈的相互作用。基于这一性质,可以利用外加电磁场控制等离子体的形状、位置和运动。

4. 化学活性高

处于电离状态的等离子体中含有大量的离子,和中性气体相比,具有更高的化学活性,在等离子中更容易发生化学反应。

5. 温度高

温度高这一特性主要是高温等离子体和热等离子体所具有的。热等离子体温度可以达到 $3 \times 10^3 \sim 3 \times 10^4 \, \mathrm{K}$,高温等离子体温度更高可达到 $10^6 \sim 10^8 \, \mathrm{K}$。

2.2 冷等离子体

辉光放电产生的等离子体,其正离子和中性粒子温度在室温附近,属于冷等离子体。

2.2.1 直流辉光放电等离子体

放置在气体中的电极两端加上足够高的电压,气体就会电离成正离子和电子,产生气体放电。气体放电的机理可以简单描述如下:

由于无所不在的宇宙射线的作用,电极会发射少量的电子。如果电极上不加电压,发射的少量电子不足以形成气体放电。当在电极两端加上足够高的电压,电子受到阴极前电场的加速,和气体原子发生碰撞。碰撞可能是弹性的,或者是非弹性的,真正有意义的是非弹性碰撞。电子和气体原子的非弹性碰撞导致气体原子发生激发或者电离。电离的原子变成了电子和正离子。处于激发态的原子是不稳定的,会自动跃迁到基态,释放出光子。大量释放的光子形成了气体放电的"辉光"。正离子在电场的加速下,和阴极发生碰撞,使阴极释放出更多的电子。这些电子是由离子碰撞阴极产生的,称为二次电子。二次电子在电场的加速下,和气体原子发生碰撞,使气体发生进一步电离。这样,阴极不断发射二次电子,等离子体中不断发生电离,使得辉光放电得以维持下去。

基本的辉光放电过程如图 2.2 所示。直流辉光放电过程中电极的角色至关重要,因为辉光放电过程的维持依赖于电极的二次电子发射。

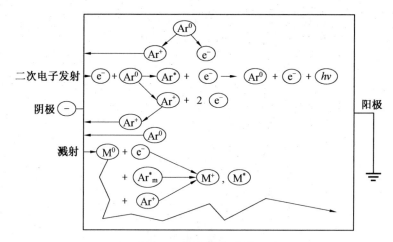

图 2.2　辉光放电过程

当所加电压足够高时,等离子体中电离出的正离子受到电场加速和阴极发生碰撞,除了激发大量二次电子外,还会产生另外一个效应。携带足够高能量的离子和阴极上的原子发生碰撞,将能量传递过去。获得能量的阴极上的原子将挣脱周围原子的束缚,脱离阴极,成为自由原子,这一过程称为溅射。

阴极和阳极之间所加的电压并不是在阴阳极之间均匀分布的。在没有外加电场作用时,等离子体是准电中性的。当在阴极和阳极之间施加一定幅值的电压后,电子和正离子在电场作用下将分别向阳极和阴极运动。由于和正离子相比,电子的质量要小 3 ~ 4 个数量级,而所受库仑力为同一个量级,因此等离子体中电子的运动要比离子快得多。阴极附近的电子受阴极排斥迅速离开阴极附近区域,该区域仅留下正离子和中性原子,不再呈电中性。留下的正离子形成很强的反向局部电场,表现在整个电路中,就是加在阴极和阳极之间的电压主要降落在这一区域,这一区域称为等离子体鞘层。从辉光放电外观上看,这是一个靠近阴极的不发光区域,称为阴极暗区。在辉光放电的主体部分电压降则很小。辉光放电的电压分布如图 2.3 所示。

直流辉光放电的参数范围很宽。气压范围可以从 1 Pa 直到大气压;电压范围通常为 300 ~ 1 500 V,但某些情况下可以到几千伏;电流一般在 mA 量级。图 2.4 所示为气体放电管中的辉光放电氩等离子体。图 2.5 所示为一个大气压下的辉光放电等离子体。

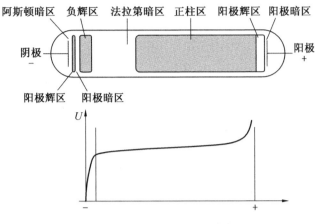

图 2.3　辉光放电的电压分布

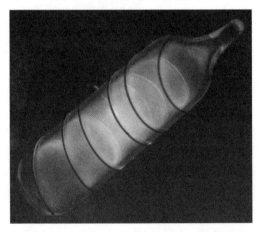

图 2.4　气体放电管中的辉光放电氩等离子体

图 2.5　一个大气压下的辉光放电等离子体

2.2.2 脉冲辉光放电等离子体

当在电极两端施加脉冲电压时,发生的过程即为脉冲辉光放电。在输入功率和直流辉光放电相同时,脉冲辉光放电的峰值电压和峰值电流更高,气体原子的激发、电离和阴极原子的溅射效应均得到增强。

脉冲辉光放电的基本过程和直流辉光放电非常相似,可以看作是一段很短时间的直流辉光放电,紧接着一段相对较长的放电停止时间,不断重复。

脉冲辉光放电的脉冲宽度为 100 μs 量级,峰值电压为 500 V 量级,气压大约为 100 Pa。

2.2.3 磁控等离子体

直流辉光放电中和气体原子碰撞使其电离产生等离子体的电子,在电场加速下,会不断飞向阳极并被阳极吸收,因此直流辉光放电的维持严重依赖于阴极的二次电子发射。而且由于电子从发射到被吸收的存在过程很短,和气体原子的碰撞次数有限,产生的等离子体密度较低,从而正离子和阴极碰撞溅射出的靶材原子数量也较少。当用于薄膜沉积时,沉积效率很低。

为了提高等离子体密度,可以对电子施加磁场控制。辉光放电中电场方向和阴极表面垂直,电子受电场加速,其运动速度和阴极表面垂直。在阴极表面施加和表面平行的磁场,电子受磁力作用,将做绕磁力线的螺旋运动,其螺旋运动的半径和频率取决于磁场强度。电子的运动轨迹被限制在阴极附近,电子在阴极附近不断和气体原子发生碰撞,使其电离,从而可以产生较高密度的等离子体,而产生的等离子体也被约束在阴极附近。图2.6 所示为磁控等离子体。

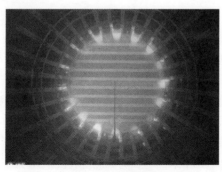

图 2.6 磁控等离子体

2.2.4　电容耦合射频等离子体

当加在阴极和阳极之间的电压为交流电压时,称为交流辉光放电。施加交流电压的好处是可以避免带有绝缘薄膜的电极表面上产生电荷积累,造成辉光放电中断,比如沉积绝缘薄膜时就会出现这种情况。要避免电荷积累,交流电压的频率必须足够高,使得半波时间比电荷积累所需要的时间更短。理论计算表明,要维持持续放电,交流电的频率必须高于100 kHz,这一频段在射频(1 kHz ~ 10^3 MHz)范围内。工业生产中交流辉光放电通常采用的频率是 13.56 MHz,这是一个由国际通信权威机构分配的工业用频率,可以采用这一频率发射一定的能量而不会对通信产生干扰。在这种辉光放电形式中,两个电极及其鞘层构成了一个电容,电源功率通过电容耦合进入等离子体中。因此把这种等离子体称为电容耦合射频等离子体,如图 2.7 所示。

图 2.7　电容耦合射频等离子体

电容耦合射频放电中,电极的作用不再像直流辉光放电中那么重要,因为电子在交变电场的作用下,可以在两极间的等离子体中不断振荡。

电容耦合射频放电中出现的一个重要现象是自偏压。自偏压会在以下几种情况下出现:两个电极的尺寸不同;在射频电源和电极之间有耦合电容;电极本身不导电,起电容作用。电容耦合射频放电时,放电电极一极接地,另一极接射频电源输出。当电源输出刚加在电极上时,等离子体两端电压和电源输出电压相同。当非接地端电极电压为正时,等离子体中电子在电场作用下流向该电极,电容由电子电流充电,等离子体两端电压下降。当电源输出变到负半波时,等离子体两端被施加上大小相等、方向相反的电压。此时电容开始反向充电,等离子体两端电压再次下降。但这次电容是由离子流进行充电,由于正离子的质量远大于电子,运动速度要低得多,离子流量要远低于电子流量,因此等离子体两端电压下降比第一次要缓慢。电源输出再次改变极性,电容再次由电子流快速充电。如此反复下去,直到电容上积累的负电荷使每个周期的电子流和离子流量相当。这样,和射频电源相连的电极上就产生了直流负偏压。由于电极上的偏压为负,正离子受到加速,不断打击电极,会产生溅射。

电容耦合射频放电的电压为 100 ~ 1 000 V,压力为 1 ~ 100 Pa。

2.2.5 电感耦合射频等离子体

电容耦合射频等离子体产生过程中,会产生电极溅射现象。溅射出的电极物质进入等离子体空间,会造成等离子体的污染。由于射频等离子体的产生已不依赖于电极的二次电子发射,电极在这里仅起到功率耦合的作用。因此,为了避免电极溅射的污染问题,可以去除电极,而采用电感将功率耦合进等离子体空间中。这样产生的等离子体就是电感耦合射频等离子体(Induction Coupled Plasma,ICP),如图 2.8 所示。

图 2.8　电感耦合射频等离子体

2.2.6 微波等离子体

所有采用微波,即频率为 300 MHz ~ 10 GHz 的电磁波产生的等离子体都可以称为微波等离子体。微波放电具有放电电压范围大、能量转换效率高、可产生高密度等离子体、无电极污染等特点。微波等离子体既可以在低压下产生(图 2.9),又可以在大气压下产生(图 2.10)。实际微波等离子体源是一大类等离子体产生方法的集合。

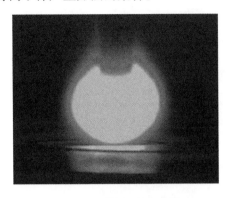

图 2.9 低压微波等离子体

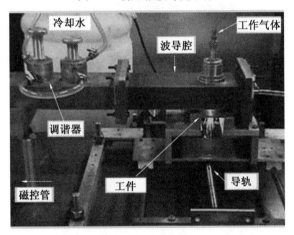

图 2.10 微波等离子炬

2.3 热等离子体

2.3.1 电 弧

通常直流辉光放电的电压较高(数百伏),而电流较小(毫安量级)。如果气体放电空间被击穿后,流过的电流较大(几十安以上),电压很低(几十伏),气体放电形式不再是辉光放电,而是转变成电弧放电。放电电流的增加意味着阴极发射出更多的二次电子参与导电。1808 年,Davy 和

Ritter第一次在两个水平碳电极之间建立了电弧,由于受电弧加热作用,空气向上自然对流,使电极间的电弧向上弯曲而呈拱形,如图2.11所示,故有此命名。

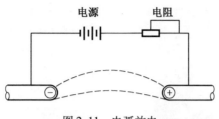

图2.11 电弧放电

在真空条件下,可以通过增加辉光放电电流的方法获得电弧放电。在大气条件下,可以通过电极接触再分开、高压击穿、高频击穿等方法获得电弧放电。

一般情况下,可以把电弧划分为三个区:阴极位降区、弧柱区、阳极位降区。弧柱区的空间尺度相对较大,占电弧尺度的大部分,其上的电位降较小,弧柱区沿长度方向的电场强度近似为常数。阴极区和阳极区的空间尺度很小,大气压条件下仅为 10^{-3} mm 左右,但其上的电位降却占电弧电位降的大部分,其电场强度高达 $10^4 \sim 10^5$ V/mm。强大的阴极位降加速二次电子,二次电子获得较高的飞行速度,和放电空间的气体原子碰撞,使气体原子电离,形成等离子体。

在大气压条件下,气体原子密度高,电子平均自由程短,高速飞行的二次电子和气体原子频繁碰撞,有更多机会将能量传递给离子和原子,从而使气体原子和离子的温度升高,和电子温度一致,达到热平衡,因此电弧属于热等离子体。

作为等离子体的一种形态,电弧具有温度高、能量集中的特点,作为热源特别是焊接热源获得了广泛应用。

2.3.2 真空电弧等离子体

真空环境下,在两个相距很近的放电电极之间产生电弧,电弧产生的高温使电极材料汽化,进入两电极之间的空间。汽化电极材料受电子碰撞电离,形成真空电弧等离子体,如图2.12所示。

从物理本质上说,"真空电弧"是一个矛盾的概念。当存在"电弧"时,是不存在真空的;而当存在"真空"时,是不存在电弧的。"真空电弧"的概念准确地说,是指在电弧放电之前和电弧放电之后,放电电极间为真空状

23

态。在电弧放电过程中,阴极斑点的等离子体压力可能比大气压高几个数量级,也就是说,真空电弧放电的阴极过程和两极间存在气体时的阴极过程是相同的。

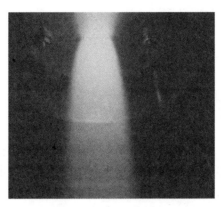

图 2.12　真空电弧等离子体

2.3.3　等离子弧

焊接过程中通常采用的电弧不受外界约束,称为自由电弧。自由电弧的弧柱较粗,温度一般为 6 000 ~ 10 000 K。

为获得更高温度的热源,人们开发出了等离子弧。等离子弧就是通过外部拘束使自由电弧的弧柱受到强烈压缩获得的电弧,也称为压缩电弧。对等离子弧的外部拘束是通过水冷紫铜喷嘴实现的,如图 2.13 所示。

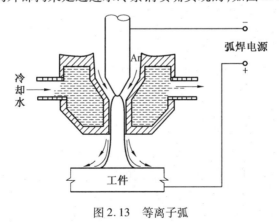

图 2.13　等离子弧

2.3.4 等离子弧的压缩作用

建立在钨极和水冷铜喷嘴之间或钨极和工件之间的等离子弧,会受到以下三方面的压缩作用。

1.机械压缩

水冷铜喷嘴的内壁对等离子弧柱的可扩展空间施加了强制限制。除非把喷嘴内壁烧化,等离子弧无法向外扩展。

2.强制冷却压缩

正常情况下,等离子弧是无法把水冷铜喷嘴内壁烧化的。

在等离子体中,总是同时存在电离和复合两个相反的过程。电弧等离子体建立以后,由于具有较高的温度,其电离在很大程度上依赖于热电离。维持电弧放电仅需很低的电压,在电弧心部,温度最高,电离度也最高。受散热的影响,越远离电弧心部,温度越低,复合过程作用越强,电离度也越低。在电弧边缘,复合作用超过了电离过程,电离度为零。自由电弧的形状就是这样形成的。

对被约束在水冷铜喷嘴里的等离子弧来说,没有可供扩展的空间,连铜喷嘴的内壁也扩展不到。由于紫铜喷嘴具有良好的导热性,水冷的作用使喷嘴孔道内壁温度一直保持很低。工作气体连续流过孔道,靠近孔道内壁的气流受到冷却,形成很薄的低温气流层。这一薄层气流层温度很低,复合作用大大增强,呈非电离状态,无法流过电流,迫使电流从电离度高的中心部位流过。这一薄层低温气流层,不仅将等离子弧和铜喷嘴隔离开,对喷嘴起到了保护作用,而且使电弧受到了进一步压缩。

强制冷却压缩是等离子弧最重要的压缩,没有强制冷却压缩,机械压缩无法发挥作用。等离子枪不通水或者不通气时建立电弧,瞬间就会被烧坏。

3.电磁压缩

根据磁场对通电导体的作用原理,我们知道,通有同方向电流的两根导线会互相吸引。等离子弧可以看作是由很多根极细的导线构成的,导线里通着同方向的电流。由于自身磁场的作用,等离子弧会自行向内收缩,这就是电磁压缩作用。

等离子弧受到压缩后,弧柱电流密度显著提高,温度和电离度都大幅度提高。

2.3.5 等离子弧的分类

等离子弧按照建立的方式可以分为三种:非转移型、转移型和联合型,如图2.14所示。

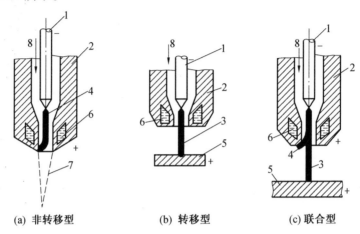

(a) 非转移型　　　　　(b) 转移型　　　　　(c) 联合型

图2.14　等离子弧的分类

1—钨极;2—喷嘴;3—转移弧;4—非转移弧;5—工件;6—冷却水;
7—等离子焰;8—工作气体

1. 非转移型等离子弧

非转移型等离子弧建立在钨极和水冷铜喷嘴之间,钨极为阴极,水冷铜喷嘴为阳极。非转移型等离子弧是通过高频振荡器击穿钨极和水冷阳极间的空气间隙建立的。图2.15所示为非转移型等离子弧。

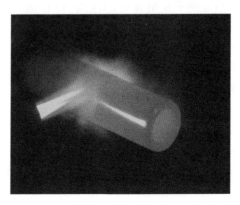

图2.15　用于等离子喷涂的非转移型等离子弧

2. 转移型等离子弧

转移型等离子弧建立在钨极和工件之间,钨极为阴极,工件为阳极。转移型等离子弧建立之前,先通过高频振荡器击穿钨极和水冷铜喷嘴间的空气间隙,建立非转移型等离子弧,靠非转移型等离子弧电离钨极和工件之间的工作气体,然后建立转移型等离子弧,熄灭非转移型等离子弧。由于存在一个由钨极和水冷铜喷嘴之间的等离子弧到钨极和工件之间等离子弧的转换过程,故称为转移型等离子弧,如图 2.16 所示。

图 2.16　转移型等离子弧

3. 联合型等离子弧

当非转移型等离子弧和转移型等离子弧并存时,称为联合型等离子弧。

2.3.6　等离子弧的特点

和自由电弧相比,等离子弧具有如下特点:

1. 能量密度高,温度高

等离子弧受到强烈的压缩作用,数百安的电流从被压缩在喷嘴孔道内的等离子弧中通过,使等离子弧的能量密度和自由电弧相比大幅度提高,从而使等离子弧的温度也大幅度提高。实测结果表明,400 A 非转移型氩等离子弧喷嘴出口处中心温度可以达到 20 000 K。能量密度和温度的大幅度提高,使得等离子弧的应用范围比自由电弧更加广泛。等离子弧不仅可以像自由电弧一样用于焊接和喷涂,而且可以用于难熔金属和厚板切割。采用等离子弧进行堆焊,因其能量密度高,可以减小堆焊金属稀释率,提高堆焊层性能。采用等离子弧进行喷涂,由于其温度高,不仅可以喷涂金属粉末,而且喷涂各种陶瓷和金属陶瓷材料。

2. 稳定性好

受到强烈压缩的等离子弧具有非常高的挺度,电弧形状、弧压、弧电流都比自由电弧稳定,不易受到外界因素的干扰,从而使等离子弧工艺过程更加稳定。

3. 焰流速度高

进入等离子枪的工作气体被加热到上万 K 的高温,体积急剧膨胀,从枪口喷出,速度可以达到每秒数百米。这一特点,使等离子弧非常适合于喷涂应用,无需外加加速手段,即可使熔化的粉末达到极高速度,获得高质量涂层。

4. 可控性好

等离子弧的热量和温度可以通过改变输入功率、工作气体的流量、喷嘴的几何形状等在很大范围内进行控制;通过改变工作气体的种类,可以控制等离子弧的气氛呈氧化性、还原性或者惰性;通过改变弧电压、喷嘴结构和气体流量等,可以控制等离子焰流的冲击力。

2.4 等离子体源

2.4.1 热阴极等离子体源

直流辉光放电是靠电子和中性粒子碰撞产生等离子体的。电子的来源主要是离子碰撞阴极产生的二次电子。二次电子的数量有限,又不断被阳极吸收,从而使产生的等离子体密度很低,在表面强化领域的实用价值不大。为提高等离子体密度,必须提高用于碰撞的电子数量。方法之一是采用热阴极辉光放电。

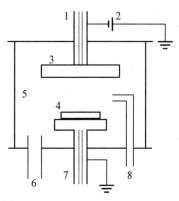

图 2.17 热阴极等离子体源
1—阴极水冷单元;2—直流电源;3—阴极;4—阳极(样品);5—真空室;6—接真空泵;7—水冷样品台;8—工作气体入口

热阴极等离子体源如图 2.17 所示。阴极由钽板制成,辉光放电电流可达 8 ~ 15 A,阴极温度可达 700 ~ 1 600 ℃。高温热阴极发射大量热电子,从而极大地提高了等离子体密度。

图 2.18 为加利福尼亚大学等离子体设备上的热阴极,直径达 1 m。

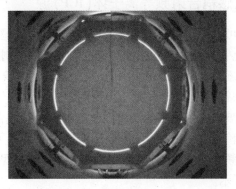

图 2.18　加利福尼亚大学等离子体设备上的热阴极

2.4.2　电容耦合射频等离子体源

带有电容耦合射频等离子体源的表面处理装置如图 2.19 所示。通常采用两个平行的盘状电极,电极安装在真空室内,彼此相距几厘米。电极可以和等离子体接触,也可以采用绝缘体把电极和等离子体隔离开来。当真空室内壁是绝缘材料时,还可以采用外电极。一套电容耦合射频等离子体源一般包括射频电源、阻抗匹配器、电极和真空室。

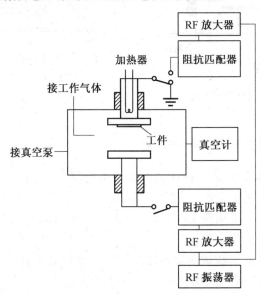

图 2.19　带有电容耦合射频等离子体源的表面处理装置

2.4.3 电感耦合射频等离子体(ICP)源

射频放电还可以通过电感耦合方式实现,用石英玻璃或派力克司玻璃制成放电管,放电管外缠绕射频线圈。流过射频线圈的射频交变电流在放电管内产生交变磁场,交变磁场感生出交变电场。射频交变电场加速放电管中的少量电子,被加速的电子和气体原子发生碰撞,使气体原子电离,电离产生的电子又被加速使更多的气体原子电离。电感耦合射频放电中,气体的电离完全依赖于电子的振荡,电极不再起作用,变成了无电极放电。

电感耦合射频放电的线圈通常有两种结构:圆柱型和平面型,如图2.20和图2.21所示。

和电容耦合射频放电相比,电感耦合射频放电可以获得更高的等离子体密度。通常电感耦合射频等离子体密度为 $10^{11} \sim 10^{12}/cm^{-3}$,是同样气压下电容耦合射频等离子体密度的 10 倍。

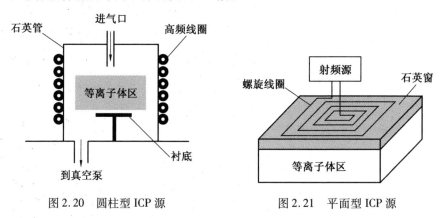

图2.20 圆柱型 ICP 源 　　　　　　图2.21 平面型 ICP 源

2.4.4 螺旋波等离子体源

螺旋(Helicon)波是一种在哨声波频率范围内(离子回旋频率和电子回旋频率之间)的边界波。一般其驱动频率为 1 ~ 50 MHz,材料处理领域应用的通常也是工业射频 13.56 MHz。当在射频天线轴向存在磁场时,即可在等离子体中激发出螺旋波。螺旋波等离子体和射频等离子体的区别就在于是否在射频天线轴向存在磁场。带有螺旋波等离子体源的表面处理装置如图2.22所示。螺旋波等离子体源主要由天线、放电室、磁场线圈、射频电源组成。螺旋波等离子体源示意图如图2.23所示。

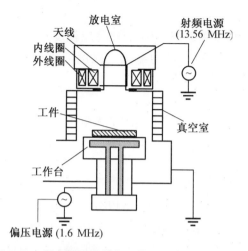

图 2.22　带有螺旋波等离子体源的表面处理装置

图 2.23　螺旋波等离子体源

螺旋波等离子体源具有如下优点：

1. 产生的等离子体电离效率高、密度高

1~2 kW 射频功率的螺旋波氩等离子体密度可达 10^{13}~10^{14}/cm^{-3}，比通常的等离子体密度高两个数量级。即使在 0.1 Pa 的低气压下，螺旋波等离子体密度也可以达到 10^{13}/cm^{-3}，这是迄今为止采用人工方法在低气压下所能获得的最大等离子体密度，其电离效率可达 100%。

2.低磁场

微波等离子体源需要 875 Gs 的磁感应强度运行,而螺旋波等离子体源通常只需要 100 ~ 300 Gs 的磁感应强度即可运行,甚至可以在 10 ~ 40 Gs的低磁感应强度下运行。

3.无内电极

和 ICP 一样,螺旋波等离子体源是无电极等离子体源,射频天线可以安排在真空室外,避免了电极污染问题。

2.4.5 微波等离子体源

大体上来说,微波等离子体源可以分为三类:封闭式结构微波等离子体源、带有磁场的共振式结构微波等离子体源、开放式结构微波等离子体源。

1.封闭式结构微波等离子体源

封闭式结构微波等离子体源即谐振腔微波等离子体源,是最早的微波等离子体源,产生的等离子体被限制在封闭的空间中。这种等离子体源既可以在低压下工作,也可以在大气压下工作。圆柱形谐振腔的谐振频率和圆柱直径密切相关,也就是说,特定的谐振腔只在某一特定频段产生谐振。这一方面使得功率耦合效率很高,另一方面使得当频率稍有变化时,功率耦合效率迅速下降。

2.带有磁场的共振式结构微波等离子体源

电子回旋共振微波(ECR)等离子体源是带有磁场的共振式结构微波等离子体源的典型例子。图 2.24 为带有电子回旋共振微波等离子体源的表面

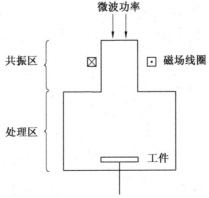

图 2.24 带有电子回旋共振微波等离子体源的表面处理装置

处理装置。ECR 等离子体源实物照片如图 2.25 所示。ECR 等离子体源分为两个部分:等离子体放电室和处理室。等离子体放电室体积较小。微波源产生的微波由波导经输入窗耦合进入等离子体放电室,电离气体产生等离子体。在等离子体放电室外安置有电磁线圈,通电后产生轴向磁场。而带电粒子在磁场中将产生绕磁力线的回旋运动。当所加磁场强度为 B 时,电子将产生回旋频率为 $\omega_e = eB/m$ 的回旋运动。通常微波放电所使用频率为 2.45 GHz。通过控制外加磁场强度,使电子回旋频率和微波频率相等,电子将和微波产生共振,吸收微波能量,激发气体进一步电离。

图 2.25 ECR 等离子体源

在等离子体放电室下方有一个容积更大的真空室,用于处理样品。等离子体沿磁力线从等离子体放电室引出进入处理室,实现对样品的处理。

3. 开放式结构微波等离子体源

微波等离子体喷射装置(Microwave Plasma Jet, MPJ)是典型的开放式结构微波等离子体源,如图 2.26 和图 2.27 所示。

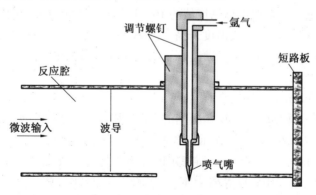

图 2.26 微波等离子体喷射装置

图 2.27 微波等离子体喷射装置照片

在矩形波导上装配有喷气嘴的调谐装置,在喷气嘴附近的矩形波导宽面处开有圆形狭缝,调节调谐装置和短路活塞的位置保证喷气嘴附近的场强并通入一定流速的气体,在喷气嘴附近产生等离子体射流。该装置能在大气压下产生较稳定的氦、氩、氮和空气等离子体,等离子体存在于波导外部的开放环境中,与喷气嘴不直接接触,保证波导和喷气嘴不会被等离子体的高温烧蚀,而且反应腔体成本较低。

2.4.6 空心阴极等离子体源

空心阴极效应(Hollow Cathode Effect,HCE)是一种特殊的放电现象,其基本特征是在真空容器中,两个阴极附近形成阴极位降区,当两阴极的间距足够小时,出现两负辉区叠加而致光强增大。此时,高能粒子也相应增强,导致电子与气体粒子的多次碰撞,电离和激发效率大大提高,其电流密度是普通气体放电电流密度值的 $10 \sim 10^3$ 倍,在大量电离的同时,能量在两阴极之间集中,使电极温度升高。图 2.28 所示为空心阴极等离子体离子枪。图 2.29 所示为用于薄膜沉积的直流、射频两用空心阴极等离子体源系统示意图。

图 2.30 所示为一般空心阴极等离子体源的结构示意图。阴极间距 D 和气压 p 的乘积 pD,以及阴阳极间的距离 d 和气压 p 的乘积 pd,决定着放电特性。当 D 减小时,工作气压将增大。当 D 减小到微米量级,空心阴极放电将可以在一个大气压下获得稳定的等离子体。这种等离子体源称为微空心阴极放电(MHCD)等离子体源,如图 2.31 所示。微空心阴极放电的基本电路结构如图 2.32 所示。孔径 D 的取值范围为几十微米到几百微米,气压 p 可以很高,甚至超过大气压。阴极和阳极一般用金属钼构成,厚

度为 $100 \sim 200\ \mu m$。中间的隔离绝缘体用云母片或陶瓷片,厚度为 $200\ \mu m$ 左右。阴极经过一个电阻接到电源负极,阳极通过一个电阻接地。

图 2.28　空心阴极等离子体离子枪

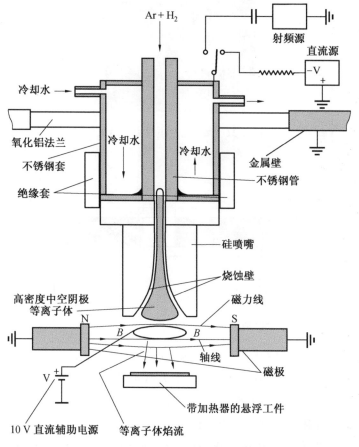

图 2.29　直流、射频两用空心阴极等离子体源系统示意图

35

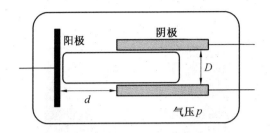

图 2.30　一般空心阴极等离子体源的结构示意图

图 2.31　微空心放电等离子体源

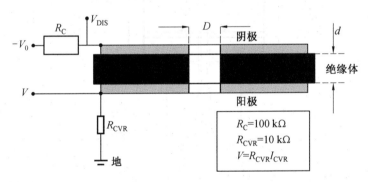

图 2.32　微空心阴极放电的基本电路结构

在高气压下,辉光放电很容易转变为弧光放电。微空心放电等离子体源可以用于在中高气压下维持稳定的等离子体,这种结构包括一个微空心阴极放电装置和一个第三电极。在微空心阴极放电装置阳极边放置一个第三正偏电极,作为放电的阳极,从微空心阴极放电装置中抽出电子。在这里,微空心阴极放电装置分别作为与第三电极之间直流辉光放电的电子发射器和等离子体阴极。利用这种方法,能够在等离子体阴极和第三正偏电极之间产生稳定的气体放电。

用微空心放电在大气压下可以产生规模达到毫米量级的稳定直流辉光放电等离子体源,如图 2.33 所示。

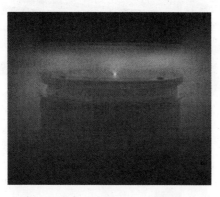

图 2.33　微空心放电维持的氩等离子体

2.4.7　金属蒸气真空电弧(MEVVA)等离子体源

1982 年,美国劳伦斯伯克利实验室的 Ian G. Brown 发明了金属蒸气真空电弧(Metal Vapour Vacuum Arc,MEVVA)等离子体源。MEVVA 等离子体源由金属蒸气等离子体放电室、漂移空间和离子引出系统三部分组成。在等离子体放电室中有阴极、阳极和触发极。离子引出系统是三电极系统。

MEVVA 等离子体源以脉冲方式工作。在每个脉冲循环,先加脉冲宽度为几微秒、脉冲幅值为 $10 \sim 20$ kV 的脉冲触发电压,使阴极和触发极之间产生电火花,并产生少量的等离子体流向阳极,引燃阴阳极之间的主弧。此时,在阴极表面形成阴极斑点,其表面局部电流密度高达 10^6 A/cm^2,使阴极材料气化、电离,形成密集的同轴等离子体,离开阴极表面,向真空中扩散,大部分流过阳极中心孔,到达引出极,离子被从中引出,形成离子束。图 2.34 所示为劳伦斯伯克利实验室的第二代 MEVVA 等离子体源。

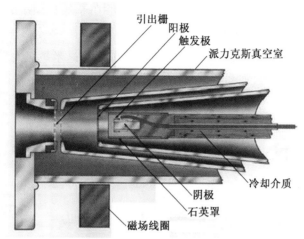

引出栅
阳极
触发极
派力克斯真空室
冷却介质
阴极
石英罩
磁场线圈

(a)MEVVA 等离子体源剖面结构

(b)MEVVA 等离子体源实物照片

(c) 分解后的 MEVVA 等离子体源

图 2.34 劳伦斯伯克利实验室的第二代 MEVVA 等离子体源

　　MEVVA 等离子体源结构简单,工作可靠,还可以设计成多阴极形式。图 2.35 所示为哈尔滨工业大学设计的多阴极 MEVVA 等离子体源。

图 2.35　哈尔滨工业大学设计的多阴极 MEVVA 等离子体源

2.4.8　磁控管

　　磁控管是微波电子管中应用十分广泛的一种大功率器件,广泛应用于引导、火控、测高、机载、舰载、气象等各种雷达以及电子对抗、工业加热、微波理疗和家用微波炉。从本质上说,磁控管是一个置于恒定磁场中的二极管。在处于真空状态磁控管内部,磁场方向和电场垂直。电子从电场获得能量,靠磁场的偏转作用延长运动距离。最早将磁控管应用于溅射的是 Penning 和 Moubis。应用于磁控溅射中的平面型磁控靶,称为平面磁控管。磁控溅射以直流、脉冲、中频、射频等各种方式运行。用于薄膜沉积的平面磁控管如图 2.36 所示。

图 2.36　用于薄膜沉积的平面磁控管

39

参考文献

[1]过增元,赵文华.电弧和热等离子体[M].北京:科学出版社,1986.

[2]孙杏凡.等离子体及其应用[M].北京:高等教育出版社,1982.

[3]CHEN F F, CHANG J P. Lecture notes on principles of plasma processing [M]. Germany：Springer, 2003.

[4]GOLDSTON R J, RTHERFORD P H. Introduction to plasma physics[M]. New York：Institute of Physics Publishing, 1995.

[5]高荣发,马小雄.等离子弧喷焊[M].北京:机械工业出版社,1979.

[6]ANNEMIE BOGAERTS, ERIK NEYTS, RENAAT GIJBELS, et al. Gas discharge plasmas and their applications[J]. Spectrochimica Acta Part B, 2002(57)：609-658.

[7]徐滨士,朱绍华.表面工程的理论与技术[M].北京:国防工业出版社, 1999.

[8]POPOV O A. High density plasma sources：design, physics and performance[M]. Britain：William Andrew Publishing,1997.

[9]柏洋,赵岩,金成刚.高密度螺旋波等离子体源的应用进展[J].微纳电子技术,2011,48(11):739-743.

[10]MATSUI N, MASHIMO K, EGAMI A, et al. Etching characteristics of magnetic materials (Co, Fe, Ni) using CO/NH_3 gas plasma for hardening mask etching[J]. Vacuum,2002, 66(3-4)：479-485.

[11]王平,杨银堂,徐新艳,等.应用于超大规模集成电路工艺的高密度等离子体源研究进展[J].真空科学与技术,2002,24(2):274-281.

[12]李波,王一白,张普卓.VASIMR中螺旋波等离子体源设计[J].北京航空航天大学学报,2012,38(6):720-725.

[13]黄光周,张书生,于继荣,等.高密度等离子体源的新发展[J].真空与低温,1998,4(1):52-56.

[14]杨定宇,蒋孟衡.电感耦合等离子体源的研究进展[J].微细加工技术,2007(4):6-10.

[15]CONRADS H, SCHMIDT M. Plasma generation and plasma sources[J]. Plasma Sources Sci. Technol., 2000(9)：441-454.

[16]王仲,张贵新,王强.开放式微波等离子体源的研究进展[J].高电压技术,2011,37(3):793-800.

[17]戴达煌,刘敏,余志明,等.薄膜与涂层现代表面技术[M].长沙:中南
大学出版社,2008.

[18]MATTOX D M. M. Handbook of physical vapor deposition (PVD)
processing[M]. Noyes Publications. : Westwood, New Jersey, U. S. A. ,
1998.

[19]BAI Yizhen, JLV Zengsun, LV-Xianyi, et al. Influence of cathode tem-
perature on gas discharge and growth of diamond films in DC-PCVD pro-
cessing[J]. Diamond & Related Materials, 2005(14): 1494-1497.

[20]李扬.基于空心阴极放电的材料表面等离子体改性技术研究[D].大
连:大连海事大学材料科学与工程学院,2012.

[21]HUBICKAA Z, PRIBILA G, SOUKUP R J, et al. Investigation of the rf
and dc hollow cathode plasma-jet sputtering systems for the deposition of
silicon thin films[J]. Surface and Coatings Technology, 2002, 160(2-
3): 114-123.

[22]江超,王又青.新颖的微空心阴极放电及其性质研究[J].激光杂志,
2005,26(5):10-12.

[23]王跃东,欧阳吉庭.狭缝型微空心阴极维持放电等离子体[J].北京理
工大学学报,2009,29(11):1014-1017.

[24]江 超,王又青.微空心阴极放电与高压辉光放电等离子体源[J].激光
与光电子学进展,2004,41(8):39-44.

[25]BROWN L G. The metal vapor vacuum ARC (MEVVA) high current ion
source[J]. IEEE Transactions on Nuclear Science, 1985, 32(5):
1723-1727.

[26]史维东,何飞舟.MEVVA 离子源及其应用[J].核技术,1996,19(4):
249-256.

[27]解志文,王浪平,王小峰,等.多阴极金属等离子体源的特性及应用研
究[J].核技术,2011,34(1):18-21.

[28]吴群.磁控管的研究现状与发展趋势[J].哈尔滨工业大学学报,
2000,32(5):9-12.

[29]THORNTON J A,汤美林.磁控管溅射——物理基础和磁控管的应
用[J].真空,1981(6):30-37.

[30]ELPHICK C,褚乃萍.用于溅射的小型平面磁控管结构[J].真空,
1981(6):22-24.

［31］卢新培,严萍,任春生,等.大气压脉冲放电等离子体的研究现状与展望[J].中国科学:物理学力学天文学,2011(7):801-815.

［32］张近.低温等离子体技术在表面改性中的应用进展[J].材料保护,1999(8):20-21.

［33］齐志红,陈允明,吴承康,等.热等离子体技术:现状及发展方向[J].力学进展,1999(2):108-124.

［34］吴承康.我国等离子体工艺研究进展[J].物理,1999(7):8-13.

［35］杨丹凤,袭著革.低温等离子体技术及其应用研究进展[J].中国公共卫生,2002(1):111-112.

［36］马胜利,徐可为.等离子体气相沉积硬质膜工艺技术进展[J].兵器材料科学与工程,2000(3):63-70.

［37］崔福斋,郑传林.等离子体表面工程新进展[J].中国表面工程,2003(4):7-11.

［38］唐伟忠,于盛旺,范朋伟,等.高品质金刚石膜微波等离子体 CVD 技术的发展现状[J].中国材料进展,2012(8):33-39.

［39］张涛,林香祝,陈仁悟.等离子体化学气相沉积技术的发展现状和展望[J].西安理工大学学报,1988(3):11-18.

［40］江南.我国低温等离子体研究进展(Ⅰ)[J].物理,2006(2):130-139.

［41］孟月东,钟少锋,熊新阳.低温等离子体技术应用研究进展[J].物理,2006(2):140-146.

［42］江南.我国低温等离子体研究进展(Ⅱ)[J].物理,2006(3):230-237.

［43］张谷令,吴杏芳,顾伟超,等.等离子体方法实现金属管件内表面改性研究进展[J].自然科学进展,2006(11):1371-1378.

［44］陆泉芳,俞洁.辉光放电等离子体处理有机废水研究进展[J].水处理技术,2007(1):9-15.

［45］李天鸣,闫光绪,郭绍辉.低温等离子体放电技术应用研究进展[J].石化技术,2007(2):59-63.

［46］杨定宇,蒋孟衡.电感耦合等离子体源的研究进展[J].微细加工技术,2007(4):6-10.

［47］黄建良,汪建华,满卫东.微波等离子体化学气相沉积金刚石膜装置的研究进展[J].真空与低温,2008(1):1-5.

［48］房同珍.螺旋波激发等离子体源的原理和应用[J].物理,1999(3):38-43.

[49]王平,杨银堂,徐新艳,等.应用于超大规模集成电路工艺的高密度等离子体源研究进展[J].真空科学与技术,2002(4):35-42.

[50]张涛,侯君达,刘志国,等.磁过滤的阴极弧等离子体源及其薄膜制备[J].中国表面工程,2002(2):11-15.

[51]刘仲阳,孙官清,张大忠,等.电子回旋共振等离子体源的特性[J].核技术,2000(10):707-712.

[52]孙韬,王小峰,王浪平,等.脉冲阴极弧金属等离子体源的调试及其应用[J].真空科学与技术学报,2005(6):467-470.

[53]吴振宇,杨银堂,汪家友.ICP等离子体源天线设计[J].真空科学与技术学报,2004(1):42-44.

[54]江超,王又青.微空心阴极放电与高压辉光放电等离子体源[J].激光与光电子学进展,2004(8):39-44.

[54]黎志光,冯贤平,施芸诚,等.一种新的等离子体源及其在纺织材料表面改性中的应用[J].东华大学学报(自然科学版),2004(3):21-26.

[55]裘亮,孟月东,任兆杏,等.一种新型微空阴极结构的大气压射频冷等离子体源[J].物理学报,2006(11):5872-5877.

[56]荀本鹏,邱海军,姜斌.新型等离子体源及其应用[J].微细加工技术,2006(0):1-4.

[57]卢春山,辛煜,孙刚,等.交叉型天线感应耦合等离子体源放电特性及均匀性[J].真空科学与技术学报,2008(2):174-178.

[58]白敏茵,邱秀梅,刘栋,等.高气压非平衡等离子体源的小型化研究[J].科学通报,2008(10):1238-1240.

[59]廖斌,张少君,赵娜,等.基于微带环缝谐振器的小功率微波等离子体源[J].上海交通大学学报,2009(3):372-376.

[60]李国卿,李剑锋,N.果瓦里,等.等离子体源特性及其应用[J].真空,1998(3):43-46.

[61]黄光周,张书生,于继荣,等.高密度等离子体源的新发展[J].真空与低温,1998(1):54-58.

[62]解志文,王浪平,王小峰,等.多阴极金属等离子体源的特性及应用研究[J].核技术,2011(1):18-21.

[63]李波,王一白,张普卓,等.VASIMR中螺旋波等离子体源设计[J].北京航空航天大学学报,2012(6):720-725.

第3章　等离子体辅助物理气相沉积

3.1　物理气相沉积的概念和分类

物理气相沉积（Physical Vapour Deposition，PVD）是在真空条件下通过物理的方法使源材料发射气相粒子，然后沉积在基片表面的一类薄膜制备技术。

物理气相沉积技术主要包括：真空蒸发沉积、溅射沉积、离子镀、分子束外延等，如图3.1所示。这些技术的实施都是在真空环境下进行的，其中一部分在实施过程中利用了等离子体，如溅射沉积、真空电弧沉积、离子镀等，统称为等离子体辅助物理气相沉积。

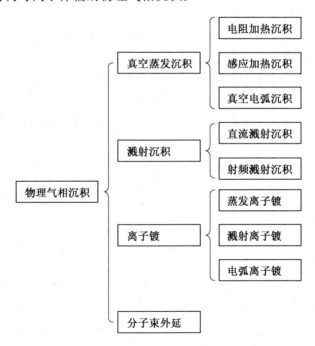

图3.1　物理气相沉积技术分类

3.2 溅射沉积

3.2.1 溅射沉积的原理

1. 荷能粒子和固体表面的相互作用

通过气体辉光放电产生等离子体后,等离子体中的正离子受电场加速,飞向阴极,和阴极发生碰撞。带有一定能量的粒子和固体表面发生碰撞,会发生多种现象,包括化学反应、沉积、溅射、注入等,如图 3.2 所示,溅射现象只是其中之一。

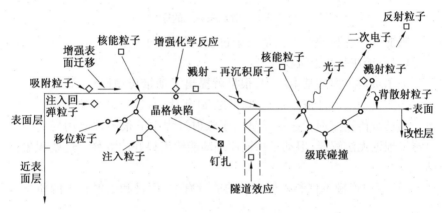

图 3.2　荷能粒子和固体表面的相互作用

荷能粒子究竟在固体表面产生沉积、溅射还是注入现象,与很多因素有关,其中一个最重要的影响因素是入射粒子的能量。通常用一个入射粒子溅射出的原子个数表示溅射现象发生的难易程度,称为溅射率,或称为溅射产额。当入射粒子的能量很低时,不会发生溅射现象,此时入射粒子会沉积在固体表面上。只有当入射粒子的能量超过某一阈值后,才发生溅射现象。对于大多数金属来说,溅射能量阈值为 20～40 eV。超过这一阈值后,溅射产额迅速增加,到能量为数千 eV 时达到最大值。随后溅射率降低,当入射粒子能量达到数万 eV 时,入射粒子便以注入为主。

2. 溅射沉积薄膜的形成

溅射沉积系统的原理如图 3.3 所示。

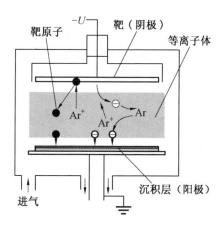

图 3.3　溅射沉积系统的原理

溅射沉积薄膜的形成包括三个过程:靶材原子的溅射、溅射原子的输运、溅射原子在基体上沉积成膜。

关于溅射过程的基本原理,很早就提出了动量传输原理,后来被局部高温热蒸发理论所排挤。直到 20 世纪 90 年代,对这一过程的认识才基本统一到动量传输原理。这主要是由于溅射过程中的很多现象用局部高温热蒸发理论无法解释,但动量传输原理却能给出很好的解释。这些现象包括:

(1)溅射产额不仅和入射粒子的能量有关,而且和入射粒子的质量有关;

(2)溅射产额和入射粒子的入射角度有关;

(3)存在一个溅射的能量阈值,低于这一阈值,不管入射粒子流量有多大,都不产生溅射;

(4)溅射原子的动能远高于热蒸发原子的动能;

(5)单晶材料的溅射容易沿晶体的密排面发生;

(6)多晶材料某些晶面的溅射速度比另一些晶面高;

(7)合金溅射时,沉积薄膜的成分依赖于靶材成分,而热蒸发沉积薄膜的成分依赖于气相分压;

(8)当入射粒子能量非常高时,溅射产额反而下降;

(9)溅射产额和靶材温度无关;

(10)很高温度的电子也无法产生溅射。

动量传输原理的基本假设是,溅射过程中入射粒子和靶原子的碰撞过程为弹性碰撞,满足动量守恒和动能守恒。入射的荷能粒子打到靶材表面,和靶原子发生弹性碰撞,它的动量传递给靶材表面的原子,获得动量的靶材表面原子再和靶材内部的原子发生弹性碰撞,将动量向内部原子传递。经过一系列的级联碰撞,获得动量的靶材原子的运动方向在不断变化。当其中某一个处于浅表层的靶材原子获得的动量方向指向靶材表面并且它的能量足够克服表面势垒,就会逸出靶材表面,成为溅射原子。

溅射原子离开靶材表面后,沿直线飞向待沉积的基体表面。如果在飞行的过程中和其他原子或离子相碰撞,就有可能改变飞行方向,或发生凝聚。溅射沉积过程要在真空中进行,一方面是因为溅射所依赖的辉光放电过程需要真空环境,另一方面也是为了避免气体原子碰撞妨碍溅射原子到达基体表面。在高真空度的情况下(真空度为 10^{-2} Pa 以上),粒子的平均自由程很大,与残余气体原子碰撞的可能性很小,溅射原子基本上是从靶材沿直线前进到达基体表面的。在低真空度时(如真空度为 10 Pa),则溅射原子会与残余气体分子发生碰撞而绕射,但只要不过于降低沉积速率,还是允许的。如果真空度过低,溅射原子频繁碰撞会相互凝聚为微粒,则沉积过程无法进行。一般溅射沉积时的工作真空度为 $10 \sim 10^{-1}$ Pa,相应的粒子平均自由程为 $1 \sim 100$ mm。靶材和工件的距离在这个尺度范围内,会有比较好的沉积效果。

溅射原子的能量通常为 10 eV。携带能量的溅射原子和基体表面碰撞后,大部分会失去能量而沉积在基体表面。沉积到基体表面的溅射原子经过表面扩散、凝聚、形核、长大的过程形成薄膜。随沉积条件不同,可能形成非晶膜、微晶膜或晶态膜。

3. 溅射沉积的特点

和蒸发沉积比较,溅射沉积具有如下优点:

(1)可制备薄膜的材料种类更多

对于任何材料,只要能做成靶材,就可以实现溅射。溅射靶材可以是极其难熔的材料,可以制备高熔点物质的薄膜。而蒸发沉积就很难进行高熔点材料薄膜的制备。

(2)溅射所获得的薄膜与基体结合较好

溅射原子携带 10 eV 的能量,而蒸发原子的动能仅为 10^{-1} eV,相差百倍。溅射原子所携带的能量有助于提高沉积薄膜和基体的结合力。

(3)溅射所获得的薄膜纯度高,致密性好

溅射原子携带一定的能量,和已经沉积的薄膜碰撞,可以将吸附的气体或杂质打击出来,使薄膜纯度提高,致密性提高。

（4）溅射工艺可重复性好,膜厚可控

溅射工艺中,溅射速率与溅射电流成正比,控制溅射电流和沉积时间,就可以方便地控制膜厚。溅射过程很容易实现自动化,适合于大规模工业化生产,有利于工艺稳定性和产品质量稳定性。

（5）可以在大面积基体表面获得厚度均匀的薄膜

溅射靶材尺寸仅受真空室尺寸限制,比热蒸发更容易获得大面积均匀气相源,实现大面积均匀沉积。

和蒸发沉积比较,溅射沉积的缺点主要是沉积速率低。特别是直流溅射,其成膜速度比真空蒸发沉积成膜速度低一个数量级,使溅射镀膜很长一段时间难以实现工业化规模生产。直到磁控溅射的出现,溅射沉积成膜速度大幅度提高,才使溅射沉积真正超越了蒸发沉积,成为真空沉积的主流技术。

4. 溅射沉积的分类

溅射沉积根据靶材上所加电压的形式可以分为直流溅射和射频溅射;根据是否外加磁场分为磁控溅射和非磁控溅射。其中直流溅射根据电极数量又可分为二极溅射、三极溅射、四极溅射;磁控溅射又可以分为平衡磁控溅射和非平衡磁控溅射。

溅射是一个荷能粒子轰击靶材产生气态原子的纯物理过程,要利用金属靶材沉积化合物薄膜,就需要在处理空间引入反应性气体,使溅射出的原子和气体发生反应,生成所需薄膜材料。这种溅射方式称为反应溅射。

3.2.2　直流溅射沉积

直流二极溅射以待沉积材料制成的靶为阴极,以工件和工件架为阳极,利用气体辉光放电来产生轰击靶材的正离子。直流二极溅射的优点是装置简单,是最早采用的溅射沉积方法。但直流二极溅射时,电子流直接进入工件,工件温升很高。而且该方法工作电压高,但溅射效率低,薄膜沉积速度不足 100 nm/min。为了保持自持放电,工作气压不能低于 0.1 Pa。直流二极溅射要求工件和靶材导电性良好,无法溅射绝缘材料。

通常情况下,在低气压下溅射沉积可以获得更好的薄膜质量。一方面低气压可以减少进入薄膜的吸附气体,另一方面低气压可以减少溅射原子与气体原子的碰撞,提高沉积效率。但直流二极溅射无法在低气压下工作。解决这一问题的最简单方法就是采用三极溅射。三极溅射装置有三个电极:热阴极、辅助阳极、靶。等离子体不是建立在靶和工件之间,而是建立在热阴极和辅助阳极之间,与靶无关。热阴极由钨或钨合金制成,用于发射热电子。热电子受电场加速,用于电离气体,建立等离子体,电子数量的增加,使得在较低气压下也能维持放电。靶上所加电压使靶相对于等离子体保持负电位,等离子体中的正离子受电场加速轰击靶材,将靶材原子溅射出,沉积到工件上。三极溅射不仅可以降低工作气压,而且可以降低溅射电压,同时放电电流也可以增大,并且可以独立控制放电电流和溅射电压。

在热阴极前面增加一个稳定电极,使放电过程更加稳定,就构成了四极溅射装置,如图 3.4 所示。

但三极溅射和四极溅射装置仍然难以获得高密度的等离子体,沉积速度仍然较低,没有获得广泛的工业应用。

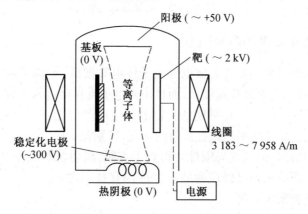

图 3.4　四极溅射装置

3.2.3　射频溅射沉积

当电极上所加电压为交流时,两极间产生交流辉光放电等离子体。如果交流频率小于 50 kHz,离子运动频率能够跟上电场的变化频率,放电过程和直流辉光放电类似。交流频率大于 50 kHz 时,离子运动频率跟不上电场的变化频率,此时产生的是射频放电等离子体。此时的溅射沉积过程称为射频溅射沉积,如图 3.5 所示。射频溅射沉积所用频率一般为 13.56 MHz,通常可以在更低的气压下进行($<10^{-2} Pa$)。

射频溅射沉积既可以溅射导体材料,又可以溅射绝缘材料。但是绝缘材料的导热性能通常都很差,热膨胀系数又比较高,脆性也比较大。荷能粒子轰击靶材后,粒子的动能绝大部分都转化为热能,会在靶材中形成很大的温度梯度,产生很高的热应力,很容易造成靶材开裂。采用射频溅射沉积绝缘材料薄膜,通常很难达到很高的沉积速率。

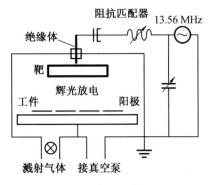

图 3.5　射频溅射沉积

3.2.4　磁控溅射沉积

直流溅射采用的辉光放电等离子体电离度低,等离子体密度低,导致溅射效率低,薄膜沉积速度低,而且由于电子流直接进入工件,工件的温升很高。这些局限性使得早期的溅射沉积应用范围受到了一定的限制。直到 20 世纪 70 年代平衡磁控溅射的出现,特别是 20 世纪 80 年代末非平衡磁控溅射的出现,这些局限性才得到了克服,溅射沉积技术获得了飞速发展。现在磁控溅射已经成为最重要的 PVD 技术之一。

1. 平衡磁控溅射

平衡磁控溅射原理如图 3.6 所示。在阴极靶材背后放置永磁体或电磁线圈,其中一极位于靶材中轴线位置,另外一极沿靶材外边缘呈圆周布置,在靶材表面形成与电场方向垂直的磁场。真空室内充入一定量的工作气体,在高压作用下电离成正离子和电子,产生辉光放电等离子体。正离子经电场加速轰击靶材,溅射出靶材原子、离子和二次电子。二次电子在相互垂直的电磁场作用下,以摆线方式运动,被束缚在靶材表面。二次电子

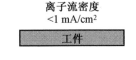

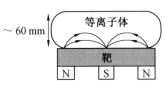

图 3.6　平衡磁控溅射原理

在等离子体中的运动轨迹大大延长,与气体分子碰撞的次数增加,提高了电离度,在较低的气压下也可维持放电。以这种方式建立的等离子体也被约束在靶材表面附近,称为磁约束等离子体。由于电离度的提高,磁约束等离子体的密度大大提高,使溅射效率和沉积速率都得到提高。磁控溅射

还使得工作电压大大下降,从-2~-3 kV下降到-500 V。

平衡磁控溅射虽然提高了等离子体密度、溅射效率和沉积速率,但仍然有局限性。

许多研究表明,在溅射沉积过程中,荷能粒子的轰击会显著改变沉积薄膜的微观结构,进而改善其物理特性。荷能粒子轰击对膜层生长的影响模型如图3.7所示。如果荷能粒子的轰击,溅射原子飞到表面尖峰部位的机会大于飞到沟槽处,导致柱状晶结构的优势生长,在两根柱状晶之间则容易形成缝隙或空穴等缺陷。如果存在荷能粒子的轰击,尖峰部位同样也会受到较多的轰击,部分原子被再次溅射回真空室,另一部分则滚落到沟槽等更稳定的位置。荷能粒子的轰击破坏和抑制了柱状晶体的优势生长,减小了缝隙和空穴等缺陷的产生,平滑了膜层的表面,起到了改善膜层特性的作用。

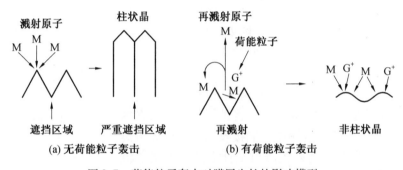

图3.7　荷能粒子轰击对膜层生长的影响模型

平衡磁控溅射的局限性主要表现在无法为沉积的膜层提供有效的荷能粒子轰击。平衡磁控溅射过程中,等离子体被磁场紧紧地约束在靶面附近,高密度等离子体区通常只有60 mm左右。随着离开靶面距离的增大,等离子体密度迅速降低。离开高密度等离子体区,工件上能够获得的离子流密度通常会小于1 mA/cm^2,而要获得性能优异的膜层,工件上的离子流密度最好大于2 mA/cm^2。离开高密度等离子体区后,只有中性粒子不受磁场的束缚能够飞向工件。中性粒子的能量一般为4~10 eV,在工件表面上不足以产生高结合力的致密薄膜。提高工件的温度,固然可以改善膜层的结构和性能,但是在很多情况下,工件材料本身不能承受所需要的高温。当然还可以通过提高工件上的负偏压增强离子轰击效果,但负偏压的提高会提高薄膜的内应力,增加薄膜中的缺陷。要获得致密、低应力的薄膜,需要高流量(>2 mA/cm^2)、低能量(<100 eV)的轰击粒子流,唯一的选择就是把工件安置在磁控靶表面附近,以增强高能离子轰击的效果。这样短的

有效沉积区限制了工件的几何尺寸。实际上,平衡磁控溅射沉积设备一般只能处理结构简单、表面平整的板形工件。

2. 非平衡磁控溅射

平衡磁控溅射存在局限性的原因在于所用磁场对等离子体的约束过强。为打破这一局限性,Window 等人在 1985 年首先引入了非平衡磁控溅射的概念,并给出了非平衡磁控溅射平面靶的原理性设计。对于一个磁控溅射靶,其外环磁极的磁场强度与中部磁极的磁场强度相等或相近,称为"平衡"磁控溅射靶。一旦某一磁极的磁场相对于另一极性相反的部分增强或者减弱,就导致了溅射靶磁场的"非平衡"。非平衡磁控溅射原理如图 3.8 所示。非平衡磁控溅射靶和平衡磁控靶的配置很接近,最主要的差别在于外圈磁场相对于中心磁场进行了加强。磁力线不是全部在内外磁极间闭合,而是有一部分指向工件。磁场的设计保证平行靶面的磁场仍能有效地约束一部分二次电子,维持稳定的磁控溅射放电;同时使得另一部分电子沿着垂直靶面磁场逃逸出靶表面,飞向工件。基于静电平衡原理,正离子也将随着电子一起飞向工件。通过这种方式,等离子体将扩展到工件所在区域,工件上不必加负偏压就能接收到较大的轰击离子流。通常非平衡磁控溅射工件上的轰击离子流比平衡磁控溅射高一个数量级,达 5 mA/cm² 以上。

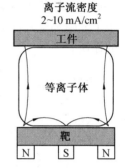

图 3.8　非平衡磁控溅射原理

3. 闭合磁场非平衡磁控溅射(Closed-Field Unbalanced Magnetron Sputtering,CFUMS)

在电子飞向工件的过程中,随着磁场强度的减弱,电子容易挣脱磁场束缚,跑到真空室壁损失掉,导致电子和离子浓度的下降。另外采用单个溅射靶要在复杂形状零件表面高速、均匀地沉积薄膜也有一定的困难。因此,又开发了闭合磁场多靶非平衡磁控溅射,如图 3.9 所示。

闭合磁场多靶非平衡磁控溅射采用成对的、极性相反的非平衡磁控溅射靶,在沉积区域面对面放置(图 3.9(a)),或同轴放置(图 3.9(b)),使得两靶纵向磁场在沉积区域闭合,强度增加,保证电子只能在沉积区域内沿着磁力线移动。电子离开沉积区域后,也只能回到两个溅射靶表面附近,从原理上抑制了电子在真空室壁上的损失。

4. 反应磁控溅射(Reactive Magnetron Sputtering)

近代工程的发展越来越多地需要用到各种化合物薄膜。大多数化合

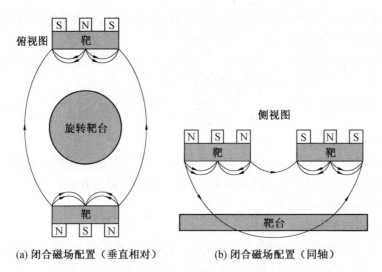

(a) 闭合磁场配置（垂直相对）   (b) 闭合磁场配置（同轴）

图 3.9   闭合磁场多靶非平衡磁控溅射

物靶材的导电性都很差,无法采用直流溅射方式进行薄膜沉积。射频溅射方法虽然可以溅射化合物靶材,但是受靶材导热性和脆性的限制,溅射速率通常很低,而且沉积出的薄膜成分有可能偏离靶材成分。

采用金属靶材,在沉积空间引入反应性气体,使溅射出的原子和气体发生化学反应,生成所需要的化合物薄膜材料,就可以很好地解决化合物薄膜的溅射沉积问题,这种溅射方式称为反应溅射。采用磁控等离子体进行反应溅射,则称为反应磁控溅射。图 3.10 为直流脉冲非平衡反应磁控溅射系统示意图。

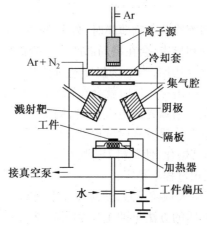

图 3.10   直流脉冲非平衡反应磁控溅射系统示意图

相对于其他薄膜沉积方法,反应磁控溅射制造化合物薄膜的优势主要表现在以下几点:

(1)靶材和气体很容易提纯,薄膜沉积又可以在较高真空度下进行,因此可以很容易沉积出高纯度薄膜;

(2)通过溅射参数和反应气体压力的控制,可以很容易控制薄膜成分;

(3)金属靶材加工简单;

(4)金属靶材导热性好,靶的冷却效率远高于化合物靶,而且金属靶材韧性好,溅射功率可以大幅度提高,也不用担心靶会开裂;

(5)薄膜温升很小;

(6)适于制备大面积均匀薄膜。

反应磁控溅射过程中也会出现一些问题,如迟滞现象、弧光放电等。

理想的反应溅射过程中,化学反应应该发生在工件表面,但实际上反应不但发生在工件表面上,同时还发生在靶材上。这就导致了反应溅射的经典问题:反应溅射过程具有明显的非线性迟滞特征。溅射时如果使用的是一块新的金属靶,真空室中充入一定分压的氩气,溅射功率保持不变,随着注入溅射室中的反应气体流量的增加,最初溅射速率几乎保持不变,其后虽有所减小,但仍与纯氩状态下的溅射速率相当。当增加到某一个临界值时,溅射速率会发生突然的跌落。这种现象称为反应溅射的迟滞现象。出现迟滞的主要原因是反应气体和靶表面金属原子发生反应生成化合物导致靶中毒。

解决迟滞问题的方法包括阻塞反应气体到达靶面、反应气体的脉冲进气等。

反应溅射制备高绝缘化合物薄膜时,轰击到靶上化合物部分的正离子带来的正电荷不能顺利导走,会在靶局部产生电荷积累。电荷积累的结果是阴极电压加到该化合物层,当电场强度超过该化合物层的介电强度时,就会使化合物层发生电击穿。这时就会在靶上产生电弧放电,即反应溅射常见的弧光放电现象。当弧光放电发生时,局部产生瞬时高温,靶材发生局部熔化。弧光放电会给反应溅射过程带来许多严重的问题,包括:

(1)导致靶材局部熔化,使靶材寿命降低;

(2)导致溅射沉积过程不稳定;

(3)局部熔化产生大颗粒飞溅,使薄膜产生缺陷。

解决弧光放电问题的方法早期主要采用的是将直流电源换成射频电源,进行射频反应磁控溅射。但射频反应磁控溅射功率只有大约 50% 能被靶材利用,薄膜沉积速率低。此外,射频电源成本高,也很难进行大面积薄膜沉积。后来发展的脉冲磁控溅射和中频磁控溅射较好地解决了弧光放电问题。

5.脉冲磁控溅射

反应磁控溅射过程中的弧光放电主要是由电荷积累造成的,如果能够周期性地对积累的电荷进行释放,就可以将绝缘化合物层上的电场强度保持在低于击穿强度以下,避免弧光放电的产生。周期性的脉冲电压变化可以达到对阴极靶表面集聚的电荷进行周期性释放的效果,可以长期稳定地沉积绝缘薄膜。脉冲磁控溅射的引入解决了许多在反应溅射中出现的问题。

脉冲磁控溅射原理如图 3.11 所示。在脉冲峰值期间,正离子轰击靶,溅射出靶材原子,并在靶上产生电荷积累。在脉冲关断期间,靶上积累的正电荷通过等离子体释放掉。通过这种方式,就可以较好地解决反应磁控溅射过程中的弧光放电问题。脉冲磁控溅射所使用的脉冲频率一般为 10～200 kHz,沉积速度接近纯金属的沉积速度,达每小时几十微米。

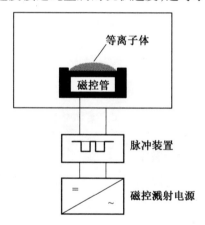

图 3.11　脉冲磁控溅射原理

脉冲磁控溅射有两种工作方式:单极脉冲磁控溅射和双极脉冲磁控溅射。图 3.11 所示为单极脉冲磁控溅射,在脉冲关断期间,靶上电位为零。而双极脉冲磁控溅射在脉冲关断期间靶上电位变为正值。由于等离子体中电子的运动能力比离子更强,靶上所加正电压只需达到负电压的 10%～20%,就可以将积累的电荷全部中和掉。这种正负电压不对称的溅射方式严格来讲应该称为非对称双极脉冲磁控溅射。图 3.12 所示为非对称双极脉冲磁控溅射靶电压波形示意图。

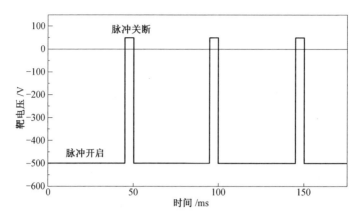

图 3.12　非对称双极脉冲磁控溅射靶电压波形示意图

非对称双极脉冲磁控溅射和直流磁控溅射沉积 Al_2O_3 薄膜的对比情况如图 3.13 所示。图 3.13(a) 为直流反应磁控溅射沉积 Al_2O_3 薄膜的扫描电镜照片。在沉积过程中,靶上的弧光放电造成沉积过程不稳定,薄膜呈柱状晶生长,存在孔隙,而且其成分偏离了化学计量比。图 3.13(b) 为非对称双极脉冲反应磁控溅射沉积 Al_2O_3 薄膜的扫描电镜照片。在沉积过程中,靶上的弧光放电被完全消除,过程十分稳定。薄膜中没有缺陷,薄膜成分完全符合化学计量比。

(a) 直流反应磁控溅射沉积 Al_2O_3 薄膜　　(b) 非对称双极脉冲反应磁控溅射沉积
　　　　　　　　　　　　　　　　　　　　　　　　Al_2O_3 薄膜

图 3.13　非对称双极脉冲磁控溅射和直流磁控溅射沉积 Al_2O_3 薄膜对比

6. 中频磁控溅射

当脉冲磁控溅射靶上所加脉冲电压正负对称时,一般又称为中频磁控溅射。通常采用正负电压对称的交流脉冲同时驱动两个磁控溅射靶,如图 3.14 所示。

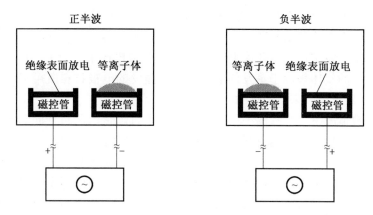

图 3.14　中频磁控溅射

中频磁控溅射的电源不再和真空室壁相连,而是连接两个靶作为放电的两极。在一个半波里,其中一个靶作为阴极,另一个靶作为阳极;在下一个半波里,阴阳极进行对调。在每次阴阳极对调后,靶上积累的正电荷都会被电子中和掉,从而很好地解决了电弧放电问题。

中频磁控溅射具有如下优点:

(1)脉冲电压的对称交替变化使得积累的电荷可以被充分中和,使得反应溅射过程完全消除了电弧放电,溅射沉积过程非常稳定,制备的绝缘膜与直流反应溅射制备的同种薄膜相比,缺陷密度大幅度降低。

(2)化合物薄膜的沉积速度和直流磁控溅射的金属薄膜沉积速度相当。

(3)中频溅射电源和靶的连接技术非常简单,不像射频电源,需要复杂的阻抗匹配。

3.3　真空电弧沉积

3.3.1　真空电弧沉积的原理及其优缺点

1. 真空电弧沉积的概念

将要沉积的材料制成电极,在真空室里建立电弧,使电极材料蒸发、电离,沉积到工件上,形成薄膜,这一工艺过程称为真空电弧沉积。

在真空电弧沉积过程中,电弧起蒸发沉积材料的作用,因此,从方法分类的角度看,真空电弧沉积属于真空蒸发沉积的一种。但和其他真空蒸发沉积方法不同,被电弧蒸发的金属材料,大部分会被电离成等离子体,沉积到工件上的既有中性粒子,也有带电荷的离子。

2. 真空电弧沉积原理

真空电弧是在真空环境中低电压、大电流放电产生的等离子体。产生等离子体的气体来源于蒸发的电极材料。蒸发的电极材料既可以来自熔化的阴极,也可以来自熔化的阳极。

多数情况下产生等离子体的金属蒸气来自熔化的阴极。此时电弧工作在阴极弧模式下,电弧在阴极表面集中在很多个直径为 $1 \sim 10~\mu m$ 的点上,这些点上的电流密度高达 $10^4 \sim 10^6 A/cm^2$,温度极高,称为阴极斑点。阴极斑点在阴极表面会做随机的快速移动。阴极斑点的高温可以使阴极材料瞬间汽化进入电弧空间。因此,有时也会把真空电弧沉积称为阴极弧沉积(Cathodic Arc Deposition)。典型的阴极弧沉积等离子体源结构如图 3.15 所示。在真空电弧建立以前,空间中不需要存在任何气体,电弧可以靠触发极和阴极间的放电点燃。触发极和阴极间的触发可以是接触式触发或高压触发。

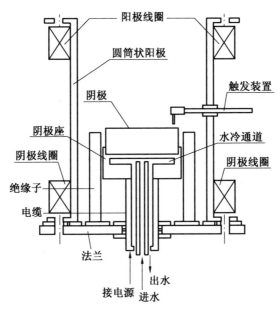

图 3.15 阴极弧沉积等离子体源结构示意图

真空电弧可以工作在直流模式下,也可以工作在脉冲模式下。直流模式电流下限受限于电弧维持稳定燃烧的最小电流,而电流上限则取决于阴极的冷却系统的设计。通常直流模式下电流为 $30 \sim 100~A$。脉冲模式下,脉冲电流可以高达 5 000 A。

当需要产生等离子体的金属蒸气来自熔化的阳极时,电弧既可以工作在阴极弧模式下,也可以工作在热离子电弧模式下。阳极材料蒸发的条件是要让阳极达到极高的温度。为了区别于工作在阴极弧模式下的阴极弧沉积,有时把这种阳极汽化的沉积方式称为阳极弧沉积(Anodic Arc Deposition)。

尽管人们常常将真空电弧沉积和阴极弧沉积混用,实际上,真空电弧沉积和阴极弧沉积表达的含义并不完全相同。这不仅是因为真空电弧沉积还包括阳极弧沉积,而且还因为,真空电弧沉积强调在等离子体产生前没有气体存在;而阴极弧沉积却可以有其他气体存在。

3. 真空电弧沉积的优点

(1)可以沉积任何一种导电材料;

(2)被沉积材料的电离率非常高;

(3)被沉积材料的离子在沉积前可以通过电场加速到具有很高的能量;

(4)阴极弧沉积的辐射加热效应很小;

(5)可以使用活性气体进行反应阴极弧沉积;

(6)反应阴极弧沉积过程中,阴极表面中毒现象比反应溅射沉积轻得多。

4. 真空电弧沉积的缺点

(1)只能用导电材料作为蒸发材料;

(2)阳极弧沉积的辐射加热效应很严重;

(3)沉积薄膜中存在宏观颗粒污染;

(4)难以进行大面积沉积;

(5)维护费用高。

3.3.2　真空电弧沉积的宏观颗粒污染

阴极斑点处的温度极高,部分未汽化的液态金属会直接从阴极斑点处喷射出来,它们的直径一般为 $0.1 \sim 100 \ \mu m$,以一定的速度向工件运动,和原子态、离子态的沉积材料一起沉积在工件表面,形成污染薄膜的宏观颗粒。图 3.16 所示为 TiN 涂层中的 Ti 颗粒。

去除宏观颗粒的技术可以分成两类:一是改进电弧源,尽量减少阴极靶所发射的液态颗粒的数量及尺寸;二是在传输过程中对液态颗粒进行过滤。对宏观颗粒进行过滤是去除它最常见也是最有效的方法,实际工业应

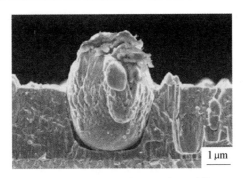

图 3.16　TiN 涂层中的 Ti 宏观颗粒

用也最广泛。用于过滤宏观颗粒的过滤器主要包括机械式和磁场式,机械式对宏观颗粒的去除效果不十分理想,而磁场式的过滤装置虽然会造成部分离子的损失,降低沉积速率,但是却对宏观颗粒有较好的去除效果。

对宏观颗粒进行过滤,就是要避免宏观颗粒沿直线前进沉积到工件上,同时又要通过对等离子体的引导让金属离子沉积到工件上。传统的 90°磁导管过滤器如图 3.17 所示。

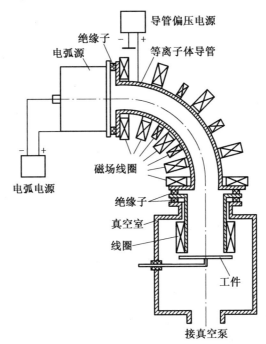

图 3.17　传统的 90°磁导管过滤器

宏观颗粒过滤器有各种不同的改进型。磁导管的角度可以小于也可以大于90°,可以弯曲成S形,甚至其弯曲根本不在一个平面上。图3.18为S形宏观颗粒磁过滤器。图3.19为开放式S形宏观颗粒磁过滤器。

开放式S形宏观颗粒磁过滤器可以避免宏观颗粒在磁导管壁上的沉积,省去了清洗的麻烦。

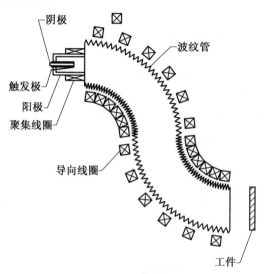

阴极
波纹管
触发极
阳极
聚集线圈
导向线圈
工件

图3.18 S形宏观颗粒磁过滤器

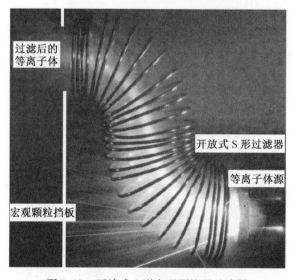

过滤后的等离子体
开放式S形过滤器
等离子体源
宏观颗粒挡板

图3.19 开放式S形宏观颗粒磁过滤器

61

3.3.3 阳极电弧沉积

克服真空电弧沉积的宏观颗粒污染问题,还可以采用阳极真空电弧沉积。阳极真空电弧的概念是德国的 H. Ehrich 最先提出的。阳极真空电弧指的是在真空电弧放电过程中,阳极发生熔化,材料从熔化的阳极表面蒸发进入电弧空间,发生电离。因为阳极表面的电流密度(~10 A/cm^2)远远低于阴极斑点的电流密度($10^4 \sim 10^6$ A/cm^2),所以阳极电弧有时又被称为分布式电弧。

在阳极真空电弧沉积过程中,阳极作为沉积材料的蒸发源,而阴极只作为维持放电的电极。由于沉积材料不是来自于阴极,避免了阴极斑点喷射带来的宏观颗粒污染问题。在这种放电过程中,阳极特征是占主导地位的,而阴极特征则处于次要地位。

阳极真空电弧沉积装置结构示意图如图 3.20 所示。在真空室内,有一个水冷棒状阳极,在其前端用难熔金属弯成一个支架,然后将丝状沉积材料缠绕在支架上。也可将阳极前端做成一个坩埚,将粉末沉积材料装在坩埚中。正对阳极前端是一个水冷盘状阴极,由金属或合金制成,也有采

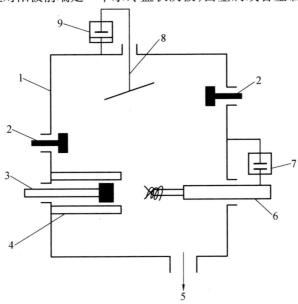

图 3.20 阳极真空电弧沉积装置结构示意图

1—真空室;2—辉光放电电极;3—阴极;4—屏蔽罩;5—抽气系统;6—阳极;

7—阳极偏压;8—样品架;9—衬底偏压

用石墨制造阴极的。采用外磁场控制阴极斑点的位置,使之不跑出阴极端面。在阴极外围,有一个屏蔽罩,进一步限制阴极斑点的运动,并阻止阴极熔化金属液滴向样品表面喷射。样品架位于放电区间的正上方,其上可施加一定的负偏压,用以加速离子向样品运动。

除了水冷阴极外,阳极真空电弧沉积还可以采用热灯丝阴极、热中空阴极等不同形式的阴极。图 3.21 所示为不同形式阴极的阳极真空电弧等离子体源。

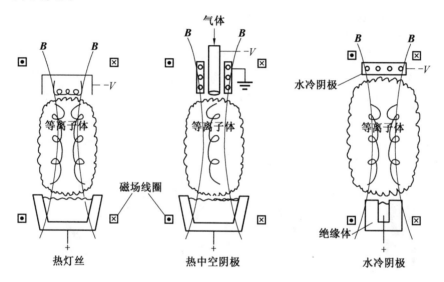

图 3.21 不同形式阴极的阳极真空电弧等离子体源

在阳极真空电弧沉积过程中,阳极必须一直保持高温,才能保证阳极熔化,因此不能采取水冷措施。

因为阳极处于熔化状态,合金材料的不同成分会发生选择性蒸发,因此采用阳极真空电弧沉积合金薄膜比较困难。阳极真空电弧等离子体的电离率也比阴极真空电弧低。

3.4 离子镀

前面已经介绍,沉积到工件上的粒子如果具有一定的能量,将有助于提高薄膜的结合强度,改善薄膜质量。在各种 PVD 方法中,真空蒸发粒子的能量最低(为 $10^{-1}eV$),真空蒸发沉积的薄膜结合强度也最低,质量也最差。溅射粒子的能量比蒸发粒子的能量高得多(为 $10^{1}eV$),溅射沉积薄膜的结合强度和质量也优于蒸发沉积薄膜。为了进一步提高薄膜和基体的结合强度、改善薄膜质量,希望进一步提高沉积粒子的能量。蒸发和溅射产生的粒子都是中性粒子,无法进一步加速。要提高沉积粒子的能量,需要沉积的粒子是带有电荷的离子,这样就可以利用电场对粒子进行加速,从而获得高能量沉积粒子。离子镀就是这样一类利用带电荷的离子和中性的原子共同作为沉积粒子,采用电场加速获得高能沉积粒子的 PVD 方法。

1. 离子镀的概念

国内有些研究工作者在谈到离子镀技术的时候,常会说"离子镀是蒸发工艺与溅射技术的结合",实际上这是一种容易引起误解的提法。真空蒸发沉积、溅射沉积、真空电弧沉积强调的是气相沉积材料产生手段的不同,离子镀的强调的是荷能粒子流的轰击改变了薄膜生长过程和薄膜的性能,而与沉积材料的来源无关。实际上真空蒸发、溅射、真空电弧都可以作为离子镀工艺中气相沉积材料产生的手段。真空蒸发沉积、溅射沉积和离子镀的对比如图 3.22 所示。

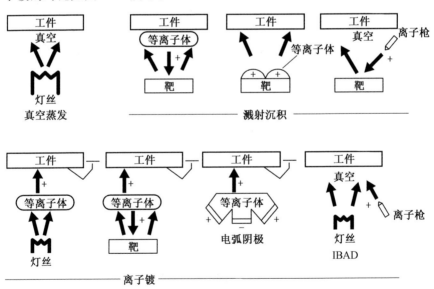

图 3.22 真空蒸发沉积、溅射沉积和离子镀的对比

离子镀(Ion Plating, IP),又称为离子辅助沉积(Ion Assisted Deposition, IAD),是指在薄膜沉积过程中,基体表面以及生长中的薄膜受到荷能粒子流连续的或周期性的轰击,从而使薄膜生长过程和薄膜的性能发生改

变的一类物理气相沉积方法。

离子镀的概念最早出现在 1964 年,最初的作用主要是提高物理气相沉积薄膜的结合力,随后人们发现荷能粒子流的轰击不仅可以提高薄膜的结合力,而且可以提高薄膜致密性、降低残余应力,甚至可以在反应沉积过程中增加化学反应活性。

2. 离子镀的原理及分类

按照薄膜沉积过程中荷能粒子流的来源,可以将离子镀分成两大类:等离子体离子镀和离子束辅助沉积(Ion Beam Assisted Deposition,IBAD)。

在离子束辅助沉积过程中,沉积材料的汽化和轰击离子束完全分离,离子束从独立的离子枪中引出。由于该过程中不涉及等离子体过程,在本书中不做过多介绍。

在等离子体离子镀过程中,基体上加负偏压,等离子体中的正离子在电场作用下加速,轰击到基体表面。图 3.23 为采用真空蒸发作为镀层材料来源的离子镀原理示意图。

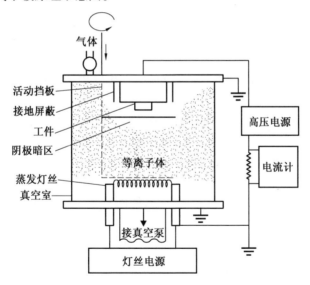

图 3.23 离子镀原理示意图

为了加速离子,在基板上加有一定幅值的负偏压。镀前将真空室抽至高真空,然后充入氩气,接通高压电源,则在蒸发源与基体间产生辉光放电,建立等离子体。在负辉光区附近产生的氩离子进入基片阴极暗区被电场加速并轰击工件表面,当阴极负高压足够大时,氩离子对基体表面产生溅射清洗作用。溅射清洗一定时间后,接通蒸发电源,使镀料汽化蒸发,镀料原子进入等离子区与离化的或被激发的氩原子发生碰撞,其中部分镀料原子电离,大部分处于激发态。镀料离子与气体离子一起受到电场加速,以较高能量轰击工件和镀层表面,并与中性原子或原子团一起形成镀层。一般说来,离子镀自始至终都包括镀料的蒸发、汽化、电离、离子加速、离子之间的反应、中和以及在基体上成膜和离子轰击等过程。

按照沉积气相材料的产生手段,可以将离子镀分为真空蒸发离子镀、溅射离子镀、真空电弧离子镀、反应离子镀等。

3. 真空蒸发离子镀

真空蒸发离子镀的气相产生手段为真空蒸发。图 3.23 所示即为真空蒸发离子镀。被蒸发汽化后的被镀材料进入等离子体区,发生电离。正离子在电场的加速下飞向基板,薄膜则在基板上在离子的轰击下连续生长。

各种真空蒸发手段,如电阻加热蒸发、高频感应加热蒸发、电子束蒸发、激光蒸发等都可以为真空蒸发离子镀提供汽化原料,其中以电阻加热和空心阴极放电电子束加热应用较多。空心阴极放电电子束既是蒸发源,又是离化源,不再需要额外的等离子体产生措施。

真空蒸发离子镀设备简单、成本低、能量利用率高、汽化效率高。

4. 溅射离子镀

溅射也可以为真空蒸发离子镀提供汽化原料。但通常只能采用非平衡磁控溅射,因为平衡磁控溅射中的等离子体被限制在靶材附近,无法提供轰击用的离子。当然也可以在靶材和基体之间建立辅助等离子体。

溅射离子镀的效率比真空蒸发离子镀要低很多。

5. 真空电弧离子镀

真空电弧离子镀采用真空电弧汽化被镀材料,装置结构示意图如图 3.24 所示。真空电弧在汽化被镀材料的同时还可以使被镀材料电离,即同时起到蒸发源和离化源的作用。和真空电弧沉积一样,真空电弧离子镀也存在宏观颗粒污染问题。这一问题也同样可以通过磁过滤的方法解决。

实际使用的电弧离子镀,不管是用于科学研究还是工业生产,都配备有多个真空电弧等离子体源,因此这种技术又被称为多弧离子镀。多弧离子镀装置如图 3.25 所示。多弧离子镀是应用最广泛的离子镀方法。

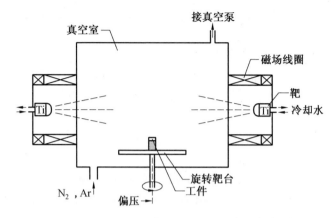

图 3.24 真空电弧离子镀装置结构示意图

图 3.25 多弧离子镀装置

参考文献

[1] MATTOX D M. Handbook of Physical Vapor Deposition (PVD) Processing[M]. USA：Noyes Publications,1998.

[2] 曹晓明,温鸣,杜安. 现代金属表面合金化技术[M]. 北京:化学工业出版社,2007.

[3] 戴达煌,刘敏,余志明,等. 薄膜与涂层现代表面技术[M]. 湖南:中南大学出版社,2008.

[4] MARTIN P M. Handbook of Deposition Technologies for Films and Coatings[M]. Second edition. Holland：ELSEVIER,2005.

［5］余东海,王成勇,成晓玲,等.磁控溅射镀膜技术的发展［J］.真空,2009,46(2):19-25.

［6］KELLY P J, ARNELL R D. Magnetron sputtering: a review of recent developments and applications［J］. Vacuum, 2000(56): 159-172.

［7］董骐,范毓殿.非平衡磁控溅射及其应用［J］.真空科学与技术,1996,16(1):51-57.

［8］茅昕辉,陈国平,蔡炳初.反应磁控溅射的进展［J］.真空,2001(4):1-7.

［9］SAFI I. Recent aspects concerning DC reactive magnetron sputtering of thin films: a review［J］. Surface and Coatings Technology, 2000(127): 203-219.

［10］佟洪波,柳青,巴德纯.反应磁控溅射研究进展［J］.真空,2008,45(3):51-54.

［11］石永敬,龙思远,王杰,等.直流磁控溅射研究进展［J］.材料导报,2008,22(1):65-69.

［12］HARISH H C, DEEPTHI B, RAJAM K S. Growth and characterization of aluminum nitride coatings prepared by pulsed-direct current reactive unbalanced magnetron sputtering ［J］. Thin Solid Films, 2008, 516(12): 4168-4174.

［13］MARTIN P J, BENDAVID A. Review of the filtered vacuum arc process and materials deposition［J］. Thin Solid Films, 2001(394): 1-15.

［14］戴华.真空阴极电弧离子镀层中宏观颗粒去除技术研究［D］.博士论文.上海交通大学材料科学与工程学院,2009.

［15］EHRICH H. The anodic vacuum arc. I. Basic construction and phenomenology［J］. Journal of Vacuum Science & Technology A: Vacuum, Surfaces, and Films,1988, 6(1): 134-138.

［16］王浩.阳极真空电弧镀膜方法及其应用［J］.真空与低温,1997,3(4):228-231.

［17］王瑞光,苏晓东.阳极真空弧沉积装置及弧特性初步诊断［J］.烟台大学学报(自然科学与工程版),1994(2):23-27.

［18］王瑞光,宋世战.阳极真空弧及其特性研究［J］.真空科学与技术,1996,16(4):296-298.

［18］FANCEY K S, MATTHEWS A. Evaporative ion plating: process mechanisms and optimization［J］. IEEE Transactions on Plasma Science, 1990,

18(6): 869-877.

[19] DAVISON A, WILSON A D, AVELAR-BATISTA J C, et al. Ion plating discharges: evidence of cluster formation during metal evaporation[J]. Thin Solid Films, 2002(414): 7-12.

[20] MATTOX D M. Ion plating — past, present and future[J]. Surface and Coatings Technology, 2000(133-134): 517-521.

[21] 钱苗根. 材料表面技术及其应用手册[M]. 北京:机械工业出版社, 1998.

[22] 周克藉,袁镇海,罗广南. 离子镀技术及其发展(上)[J]. 表面工程杂志,1996(4):15-18.

[23] 毛国强,卫中山. 等离子体表面技术的研究与应用[J]. 航空精密制造技术,2002,38(4):7-11.

[24] 姜雪峰,刘清才,王海波. 多弧离子镀技术及其应用[J]. 重庆大学学报(自然科学版),2006,29(10):55-57.

[25] ZHAO Yanhui, LIN Guoqiang, XIAO Jinquna, et al. TiN/TiC multilayer films deposited by pulse biased arc ion plating[J]. Vacuum, 2010, 85(1): 1-4.

[26] DINI J W. Ion Plating Can Improve Coating Adhension[J]. Metal Finishing, 1993, 80(9): 15-20.

[27] 梁红樱,赵海波,王辉,等. 国内 PVD 技术应用与研究现状[J]. 工具技术,2007(6):33-36.

[28] 陈俊杰,刘利国. 刀具涂层技术的现状与发展趋势[J]. 无锡职业技术学院学报,2007(3):32-34.

[29] 贺海燕. 超硬薄膜涂层材料研究进展及应用[J]. 陶瓷,2007(12):25-29.

[30] 唐普洪,宋仁国,柴国钟,等. 纳米超硬多层膜研究现状及发展趋势[J]. 材料导报,2008(2):18-21.

[31] 康勃,马瑞新,吴中亮,等. 现代刀具涂层制备技术的研究现状[J]. 表面技术,2008(2):71-74

[32] 罗来马,俞佳,刘少光,等. 低合金高速钢的物理气相沉积技术应用与发展[J]. 金属热处理,2008(11):13-16.

[33] 李忠厚,刘小平,徐重. 刀具 PVD 涂层技术的发展[J]. 工具技术,1999(2):3-6.

[34] 王伊卿,吕反修. 金刚石气相沉积硬膜在工具表面的应用与发展[J].

金刚石与磨料磨具工程,2002(1):29-34.

[35]谢宏.切削刀具 PVD 涂层技术的发展及应用[J].硬质合金,2002 (1):14-17.

[36]陈维喜.刀具涂层技术的现状与展望[J].工具技术,2000(3):3-6.

[37]赵海波.国内外切削刀具涂层技术发展综述[J].工具技术,2002(2): 3-7.

[38]黄艳,魏仕勇,蒋庐珍.物理气相沉积 TiN 涂层的研究现状与展望[J].江西科学,2009(3):466-471.

[39]曹美蓉,魏仕勇,刘建军.物理气相沉积 TiN 涂层结合力的研究现状与展望[J].热处理技术与装备,2009(4):27-29.

[40]胡鹏飞,张华.刀具硬质涂层的发展现状及展望[J].工具技术,2009 (11):29-33.

[41]高亮,杨建广,陈胜龙,等.沉积法制备 TaN 薄膜的研究现状及其应用[J].材料导报,2010(13):20-25.

[42]任国强.PVD 涂层技术在我国刀具制造中的现状及发展[J].中小企业管理与科技(上旬刊),2010(10):305.

[43]任侠.用 PVD 方法沉积硬膜技术的新进展[J].电工电能新技术,1992 (1):22-26.

[44]徐宗瑞.CVD 法 PVD 法工艺及其涂层研究现状[J].兵器材料科学与工程,1987(11):11-24.

[45]徐滨士,马世宁,刘家浚.表面工程的现状和发展(上)[J].中国设备管理,1991(3):26-27.

[46]井田彻,西森浩友,天井秀美,等.半导体设备与工艺技术的现状及新技术[J].电子工业专用设备,2003(3):6-11.

[47]胡兴军.刀具表面涂层技术进展[J].涂料涂装与电镀,2004(6):40-44.

[48]李健,韦习成,顾卡丽,等.国内外表面复合处理研究的现状[J].材料保护,1996(10):19-21.

[49]许俊华,顾明元,李戈扬.等离子氮化与物理气相沉积 TiN 复合镀研究现状[J].机械工程材料,1998(6):1-4.

[50]杨武保.磁控溅射镀膜技术最新进展及发展趋势预测[J].石油机械, 2005(6):73-76.

[51]杨文茂,刘艳文,徐禄祥,等.溅射沉积技术的发展及其现状[J].真空科学与技术学报,2005(3):204-210.

［52］吴志立,朱小鹏,雷明凯.高功率脉冲磁控溅射沉积原理与工艺研究进展［J］.中国表面工程,2012(5):15-20.

［53］李健,韦习成.物理气相沉积技术的新进展［J］.材料保护,2000(1):91-94.

［54］茅昕辉,陈国平,蔡炳初.反应磁控溅射的进展［J］.真空,2001(4):1-7.

［55］石永敬,龙思远,王杰,等.直流磁控溅射研究进展［J］.材料导报,2008(1):65-69.

［56］曾莹莹,艾永平.铜-钨(钼)薄膜制备及应用的研究进展［J］.表面技术,2010(3):90-93.

［57］江功武,于翔,王成彪.类金刚石碳膜的研究进展［J］.金属热处理,2003(11):1-6.

［58］陈淑花,潘应君,陈大凯.TiAlN 膜层的研究进展［J］.工具技术,2004(10):6-10.

［59］武咏琴,李刘合,张彦华,等.TiN 膜的制备和进展［J］.新技术新工艺,2004(12):50-52.

［60］张平,杜军,田飞,等.脉冲偏压离子镀的研究现状［J］.装甲兵工程学院学报,2009(2):71-75.

［61］倪振中,敖锡年.同轴磁控溅射离子镀膜在装饰膜和超硬膜中的应用［J］.真空与低温,1993(2):119-120.

［62］王世雄,陈长川.国外硬质膜离子镀技术及其进展［J］.工具技术,1993(1):4-8.

［63］印仁和,陈溪芳.PVD 镀膜技术研究及进展［J］.安徽工学院学报,1993(4):7-13.

［64］逯振德.离子镀基础及现状［J］.电子工艺技术,1985(4):17-22.

［65］王文毅.真空离子镀膜技术的发展与现状［J］.钟表,1996(1):15.

［66］王茂祥,吴宗汉,孙承休.多弧离子镀技术中的真空放电过程［J］.物理,1997(7):49-52.

［67］黄拿灿,王桂棠,胡社军,等.等离子体表面改性技术及其在模具中的应用［J］.金属热处理,1998(7):25-28.

［68］李金桂.材料的表面改性与涂覆技术的新进展［J］.腐蚀与防护,1999(2):51-55.

［69］闻立时,黄荣芳.离子镀硬质膜技术的最新进展和展望［J］.真空,2000(1):1-11.

[70] 胡树兵,崔崑. 物理气相沉积 TiN 多元涂层和多层涂层的研究进展[J]. 材料保护,2001(10):24-27.

[71] 童洪辉. 物理气相沉积硬质涂层技术进展[J]. 金属热处理,2008(1):91-93.

[72] 邱联昌,李金中,王浩胜,等. 多弧离子镀技术及其在切削刀具涂层中的应用[J]. 中国钨业,2011(5):28-32.

[73] 邱家稳,赵栋才. 电弧离子镀技术及其在硬质薄膜方面的应用[J]. 表面技术,2012(2):93-100.

第4章 等离子体增强化学气相沉积

化学气相沉积(Chemical Vapor Deposition,CVD)是利用气态物质在固体表面进行化学反应,生成固态淀积物的过程。

按照参与 CVD 过程反应气体的活化方式,可以将 CVD 分为:普通CVD、光 CVD、等离子体增强 CVD(Plasma Enhenced Chemical Vapor Deposition,PECVD)三类。

4.1 等离子体增强化学气相沉积的原理

等离子体增强化学气相沉积(PECVD)技术是利用低温等离子体作能量源,将样品置于低气压下辉光放电的阴极上,利用辉光放电(或另加发热体)使样品升温到预定的温度,然后通入适量的反应气体,气体经一系列化学反应和等离子反应,在样品表面形成固态薄膜。

4.1.1 等离子体对 CVD 过程的影响

PECVD 使用的是低压辉光放电等离子体,其中等离子体的内能可达到 $10^4 \sim 10^5$ K 的平衡温度所对应的能量,同时中性气体温度可以保持在室温附近。这是等离子体应用于沉积工艺的理论基础和优点。PECVD 过程涉及很多的条件参数,对沉积规律、涂层结构和性能有着复杂的影响。归结起来,等离子体对 CVD 过程的影响实质上有三种形式,即热力学作用、动力学作用及等离子体和表面的交互作用。

1. 等离子体的热力学作用

在等离子体中,高能电子和气体分子的非弹性碰撞速度是气体分压、碰撞横截面和电子能量分布的函数。电子能量分布又是等离子体功率和体系压力的函数。在 PECVD 使用的低压放电(电流密度约 100 mA/cm^2 以上)情况下,非弹性碰撞产生的高反应性粒子(原子和多原子自由基团)的浓度增大,以它们为主的可逆反应占主要地位,从而建立了传统化学体系所没有的独特化学平衡。由于等离子体温度的非平衡特性,宏观反应温度远远低于热平衡时的温度。以 TiN 的 PECVD 为例可以说明这种效应。在

反应体系为 $TiCl_4+N_2+H_2$ 时,CVD 的沉积温度在 1 000 ℃ 左右,而 PECVD 的沉积温度降到 520 ℃ 左右。同样,在 $TiCl_4+N_2$ 体系中,沉积温度也下降较大幅度。值得注意的是,在反应体系中 H_2 的加入不仅是作为载气或稀释气,而且是作为强还原性催化剂加入的。因此,等离子和其他催化剂(固体或气体)结合使用将产生更好的效果。

2. 等离子体的动力学作用

在 PECVD 中,高能电子对反应粒子的激活有效地克服了化学势垒,实际效果是取代了热激活,反应速度大大加快,同时降低了热反应温度。例如,在制备 SiO_2 薄膜的反应中 $SiCl_4+O_2 \rightarrow SiO_2+2Cl_2$,500 K 时的 $\Delta G''_r$ 为 -77 kJ,其平衡常数 $\lg k_p$ 为 8.05,但由于激活能很高,其反应速度 $r=0$。而在电流密度为 1 mA/cm^2 数量级弱放电等离子体中,其反应速度 $r \geqslant 0.1 \sim 1$ nm/s。可见,采用 PECVD 技术时较弱的放电就足以使整个反应的速度明显增加。

3. 等离子体与表面的交互作用

等离子体与表面的交互作用表现在高能粒子对表面的轰击所产生的各种效应,它直接影响着涂层的组织结构和性能。在 PECVD 使用的辉光放电条件下,离子轰击表面的能量是基体的负偏压函数。负偏压不同获得的涂层结构和性能有很大的区别,在直流放电中,对偏压的控制是以朗缪尔(Langmuir)探针特性为基础的,其值由下式给出

$$V_f = \frac{K_B T_e}{e} \ln \left(\frac{N_e \cdot \nu_e}{N^+ \cdot \nu^+} \right)^{\frac{1}{2}}$$

式中　　V_f—— 悬浮电位(Floating Potential),是指正负带电粒子到达与等离子体区相接触的基体表面的流量相等时的电位;

　　　　K_B—— 波尔兹曼常数;

　　　　T_e 和 e—— 电子温度和电子电量;

　　　　$N_e \cdot \nu_e$ 和 $N^+ \cdot \nu^+$—— 电子和离子的浓度及碰撞频率。

由于电子和离子运动速度的差别,电子到达表面的初始流量大于离子的流量,在与等离子体接触的所有表面附近,形成一个空间电荷区域或称为鞘层。鞘层电压正比于等离子体区的电位 V_p 与悬浮电位 V_f 的差值 $\Delta V = V_p - KV_f$。当表面接地时,$K=1$;当表面接负偏压时,$K > 1$。因此,偏压的大小直接决定了离子轰击表面的能量值。在低负偏压(碰撞能为 5 ~ 20 eV)下,基体表面受到的是慢电子和离子的轰击。与此同时发生着许多复合(指带电粒子、中性粒子和自由基团)、光子吸附和淬灭过程。在每个

过程中都有几个电子伏特的能量传输给固体表面的电子态和声子态,加强了电子态和声子态的非热激活,加速了短程扩散、混合以及键合结构网络的重新排列等过程。这是因为一方面辉光放电中高活性粒子具有很高的黏附系数和较弱的键联,很容易在基体表面上化学吸附并被基体提供的热能破断键联而反应成膜;另一方面,离子轰击使表面产生更多的吸附位置,因而缩短了吸附原子的平均路程,加强了吸附原子在表面的活动能力。所以,PECVD 在低温下就可以以足够高的沉积速率形成热力学上结构稳定的涂层,另外,在各种等离子体沉积方法中,都以离子轰击表面作为表面清洗的重要手段。

在高负偏压(碰撞能约 100 eV 以上)下,将形成亚稳定结构的高压结构相,如金刚石涂层的沉积。选择多大的负偏压,需要根据涂层沉积的种类和要求的组织性能而定。等离子体与表面交互作用的普遍结果是涂层密度增加、压应力增大、晶粒细化、柱状晶生长流失、择优取向发生变化、结合强度得到改善,等等。

4.1.2 PECVD 沉积薄膜的形成过程

一般说来,采用 PECVD 技术制备薄膜材料时,薄膜的生长主要包含以下三个基本过程:

首先,在非平衡等离子体中,电子与反应气体发生初级反应,使得反应气体发生分解,形成离子和活性基团的混合物。

其次,各种活性基团向薄膜生长表面和管壁扩散输运,同时发生各反应物之间的次级反应。

最后,到达生长表面的各种初级反应和次级反应产物被吸附并与表面发生反应,同时伴随有气相分子物的再放出。

具体地说,PECVD 能够使得反应气体在外界电磁场的激励下实现电离形成等离子体。等离子体中电子经外电场加速后,其动能通常可达 10 eV 左右,甚至更高,足以破坏反应气体分子的化学键,因此,通过高能电子和反应气体分子的非弹性碰撞,就会使气体分子电离(离化)或者使其分解,产生中性原子和分子生成物。正离子受到鞘层加速电场的加速与上电极碰撞,放置衬底的下电极附近也存在有一较小的离子层电场,所以衬底也受到某种程度的离子轰击。因而分解产生的中性物质依靠扩散到达管壁和衬底。这些粒子和基团在漂移和扩散过程中,由于平均自由程很短,所以都会发生离子-分子反应和基团-分子反应等过程。到达衬底并被吸附的化学活性物(主要是基团)的化学性质都很活泼,由于它们之间的相互反应从而形成薄膜。

4.2 等离子体增强化学气相沉积的特点

4.2.1 PECVD 的优点

PECVD 与常规 CVD 比较有如下优点:

(1)PECVD 沉积温度低。一般工作为 250 ~ 500 ℃就可以实现薄膜沉积。表4.1 为形成一些薄膜沉积的等离子体增强 CVD 与热 CVD 温度。PECVD 方法由于其等离子体中含有大量高能量的电子,它们可以提供化学气相沉积过程所需的激活能。电子与气相分子的碰撞可以促进气体分子的分解、化合、激发和电离过程,生成活性很高的各种化学基团,因而显著降低 CVD 薄膜沉积的温度范围,使得原来需要在高温下才能进行的 CVD 过程得以在低温下实现。同时,由于沉积温度低,对基体影响小,并可以避免高温成膜造成的膜层晶粒粗大以及膜层和基体间生成脆性相等问题,也极大地拓宽了基底材料的范围。

表4.1 热 CVD 和 PECVD 的典型沉积温度

薄 膜	温度/℃	
	热 CVD	PECVD
硅外延薄膜	1 000 ~ 1 250	750
多晶硅	650	200 ~ 400
Si_3N_4	900	300
SiO_2	800 ~ 1 100	300
TiC	900 ~ 1 100	500
TiN	900 ~ 1 100	500
WC	1 000	325 ~ 525

(2) 沉积速率高,膜层均匀性好。PECVD 在较低的压强下进行,由于反应物中的分子、原子、等离子粒团与电子之间的碰撞、散射、电离等作用,提高膜厚及成分的均匀性,得到的薄膜针孔少、组织致密、内应力小、不易

产生裂纹。

(3)扩大了化学气相沉积的应用范围,特别是提供了在不同的基片制备各种金属薄膜、非晶态无机薄膜和有机聚合物薄膜的可能性。

(4)PECVD 技术可制造有独特成分的薄膜,也可用于生长界面陡峭的多层结构。

(5)与普通 CVD 相比,膜层对基体的附着力高。由于 PECVD 技术电离产生的气体离子发生阴极溅射,可以去除基体表面杂质,为沉积薄膜提供清洁而活性高的表面。

(6)可以与等离子渗氮等工艺相结合。

4.2.2 PECVD 的缺点

(1)PECVD 反应是非选择性的。在等离子体中,电子能量分布范围宽。除电子碰撞外,其离子的碰撞和放电时产生的射线作用又可产生新的粒子。等离子体 CVD 可能存在几种化学反应,致使反应产物难以控制,一些反应机理也难以解释清楚,所以采用等离子体辅助 CVD 难以得到纯净的物质。

(2)因沉积温度低,反应过程中产生的副产物气体和其他气体的解析进行得不彻底,经常有残留沉积在膜层之中。在氮化物、碳化物、氧化物、硅化物的沉积中,很难确保它们的化学计量比。如在用此法沉积 DLC 膜(类金刚石)时,存在大量的氢,对 DLC 膜的力学、电学、光学性能有很大影响;而且,相对容易产生亚稳态的非晶结构。

(3)等离子体容易对某些脆弱的衬底材料和薄膜造成离子轰击损伤。例如,在离子能量超过 20 eV 时,对Ⅲ～Ⅴ族、Ⅱ～Ⅵ族化合物半导体材料就特别不利。

(4)PECVD 沉积技术往往倾向于在薄膜中造成压应力,有时会造成薄膜的破坏。

(5)相对于一般 CVD 而言,PECVD 设备相对较为复杂,且价格较高。

总的来看,PECVD 的优点是主流,该技术现正获得越来越广泛的推广应用。在 PECVD 技术中,最广泛的是用于电子工业。表 4.2 列出了用 PECVD 技术沉积的一些薄膜材料以及它们的气体来源和沉积温度。

表 4.2　PECVD 技术沉积的薄膜材料

	材料	气体来源	沉积温度/℃
单质	Al	$AlCl_3$—H_2	$100 \sim 250$
	B	BCl_3—H_2	400
	a-Si	SiH_4—H_2	300
	c-Si		400
	类金刚石	C_nH_m	$\leqslant 250$
氧化物	Al_2O_3	$AlCl_3$—O_2	$250 \sim 500$
	SiO_2	$SiCl_4$—O_2	$100 \sim 400$
	TiO_2	$TiCl_4$—O_2	$200 \sim 400$
氮化物	AlN	$AlCl_3$—N_2	$\leqslant 1\,000$
	BN	B_2H_6—NH_3	$200 \sim 700$
	Si_3N_4	SiH_4—NH_3—N_2	$300 \sim 500$
	TiN	$TiCl_4$—N_2—H_2	$250 \sim 1000$
	GaN	$GaCl_4$—N_2	$\leqslant 600$
碳化物	B_4C	B_2H_6—CH_4	400
	BCN	B_2H_6—CH_4—N_2	$25 \sim 250$
	SiC	SiH_4—C_nH_m	$200 \sim 500$
	TiC	$TiCl_4$—$CH_4(C_2H_2)$—H_2	$400 \sim 600$
硼化物	TiB_2	$TiCl_4$—BCl_3—H_2	$480 \sim 650$

4.3　等离子体增强化学气相沉积技术

4.3.1　PECVD 技术分类

等离子体化学气相沉积技术按等离子体能量源方式分为:直流辉光放电、射频放电和微波等离子体放电等。

按等离子体激发电源分为:射频电源(RF-PECVD)、甚高频电源(VHF-PECVD)、电子回旋共振(ECR-PECVD)、线性微波(LM-PECVD)等。

按电源耦合结构分为:电容耦合(传统 PECVD)、电感耦合(ICP-PECVD)、表面波耦合(ECR-PECVD)、同轴天线耦合(LM-PECVD)等。

按照频率可分为:直流放电式(0 kHz)、低频(几百 kHz)交流放电式、射频(13.56 MHz)放电式、甚高频(>30 MHz)、微波。

按样品安放结构分为:管式 PECVD 和平板式 PECVD 等。

4.3.2　PECVD 工艺装置

PECVD 的工艺装置由沉积室、反应物输送系统、放电电源、真空系统及检测系统组成。图 4.1 是一种 PECVD 装置的示意图:将玻璃基板置于低气压辉光放电的电极上,然后通入适量气体,气源需用气体净化器除去水分和其他杂质,经调节装置得到所需要的流量,再与源物质同时被送入沉积室,在一定温度和等离子体激活等条件下,得到所需的产物,并沉积在工件或基片表面。可见,薄膜沉积过程包括一般化学气相沉积技术,又有辉光放电的强化作用。

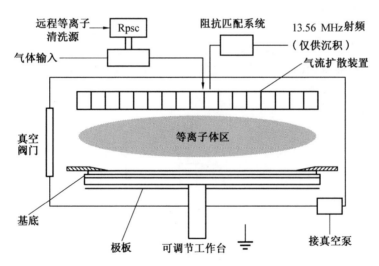

图 4.1　等离子增强型化学气相沉积装置示意图

4.3.3　PECVD 工艺参数

PECVD 工艺参数包括微观参数和宏观参数。微观参数如电子能量、等离子体密度及分布函数、反应气体的离解度、反应截面积等。宏观参数对于真空系统有:气体种类、载气体、气体配比、流速、压强、抽速等;对于基体有:沉积温度、相对位置、导电状态等;对于等离子体有:放电种类、频率、电极结构、输入功率、电流密度、离子温度等。以上这些参数都是相互联系、相互影响的。而由这些参数往往又不能得出等离子体真实的化学反应,所以要进行实验结果的比较是非常困难的。

4.3.4 直流等离子体增强化学气相沉积技术(DC-PECVD)

1. DC-PECVD 特点

DC-PECVD 是利用高压直流负偏压($-1 \sim -5$ kV),使低压反应气体发生辉光放电产生等离子体,等离子体在电场作用下轰击工件,并在工件表面沉积成膜。

直流等离子体比较简单,工件处于阴极电位,受其形状、大小的影响,使电场分布不均匀,在阴极附近压降最大,电场强度最高,正因为有这一特点,所以化学反应也集中在阴极工件表面,加强了沉积效率,避免了反应物质在器壁上的消耗。缺点是当基体或薄膜不导电时,不能应用这种方法。因为阴极上电荷的积累会排斥进一步的沉积,从而降低薄膜的沉积速度和薄膜厚度,并会造成积累放电,破坏正常的反应。

2. DC-PECVD 装置

DC-PECVD 装置如图 4.2 所示。该设备由于工件仅靠离子和高能粒子轰击提供能量,在进行产品的批量生产时就不可避免地暴露出一些缺点。

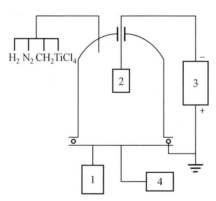

H_2 N_2 CH_2TiCl_4

图 4.2　DC-PECVD 实验装置
1—真空仪;2—工件;3—直流电源;4—旋片式真空泵

(1)各工艺参数在沉积时相互影响、互相制约,无法独立控制,工艺调整、控制困难。

(2)不同工件在离子轰击加热过程中,由于其表面积不同,则产生一定的温差,同时,沉积室内壁是阳极,温度低,使其附近的工件与中心部分的工件也有一定的温差。

(3)当装炉量大,工件体积大或沉积温度要求较高,需要离子能量较大时,直流辉光放电的工作区域在异常辉光放电的较强段,很容易过渡到弧光放电,引起电源打弧、跳闸、工艺过程不能正常进行。

为了解决以上问题,有的学者采用双阴极辉光放电装置,增加一个阴极作为辅助阴极,虽然有一定效果,但还不够完善。

目前更多采用的是辅助加外热方式沉积技术来解决以上问题,改变了单纯依靠离子轰击加热而带来的弊端,将反应时等离子体放电强度与放电工件温度分离,从而提高了工艺的稳定性和重复性,其装置如图4.3所示。

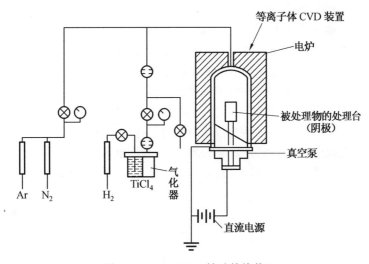

图 4.3 DC-PECVD 辅助外热装置

3. DC-PECVD 技术应用

DC-PECVD 技术根据需要基本可以实现批量生产。采用 DC-PECVD 在硬质合金刀具上沉积 TiN 硬质膜,其与热 CVD 法相比,可大幅度降低沉积温度,避免因沉积温度过高在硬质合金中形成 η 脆性相。采用该技术在高速钢刀具上沉积 TiN、TiC、Ti(CN)超硬膜,提高了刀具的切削速度,加大进刀量,延长了刀具的使用寿命。但用 DC-PECVD 法制作 TiN 装饰膜不合适,因为其所沉积出来的金黄色的 TiN 膜尽管很漂亮,但手一摸就有手印留在沉积的 TiN 膜表面,且难以去除。另外,采用 DC-PECVD 在模具上沉积的 TiC、TiCN,也有很好的用途。

采用直流电源产生等离子体增强化学气相沉积技术,在阴极及阳极上的试样可同时沉积 Si_3N_4 膜,且能实现大面积(如直径为 100 mm 的薄片)

沉积。该方法制备 Si_3N_4 膜的方法与传统的物理气相沉积（PVD）法相比更简单，且薄膜电阻率高，硬度在 4 000 HV 以上，还有高的热稳定性，在精密微电子工业、工模具及高温工作器件中有广阔的应用前景。采用 DC-PECVD 技术，在硅片上沉积 Si_3N_4 薄膜还有良好的光学性能，对太阳能电池的发展将起重要作用。

4.3.5 脉冲直流等离子体增强化学气相沉积（脉冲 DC-PECVD）

1. 脉冲 DC-PECVD 特点

图 4.4 说明了脉冲直流辉光放电的特点。在脉冲阶段（50 ~ 100 μs），利用相对较高的电流密度产生非平衡等离子体。与直流辉光放电相比较，在脉冲直流放电体系中，电压、电流密度、气体压力参数独立可调，并确保等离子参数（电压、电流密度）和温度参数分离。在非平衡等离子体中，电子温度（10^4 ~ 10^5 K）远高于离子或气体温度（600 ~ 1 200 K）。在脉冲阶段，气相中产生大量的原子、离子或活性基团。由于脉冲活化气体分子恢复未活化态需要一定时间，在脉冲间歇时间里仍然存在有激活气体分子，因此气相化学反应能够在整个脉冲周期内维持。脉冲直流 PECVD 还可有效防止密集放电和空心阴极效应的出现，而直流电源或其他等离子体激励方式，如射频、微波、激光等不易做到深孔、狭缝等复杂表面的稳定均匀辉光放电。

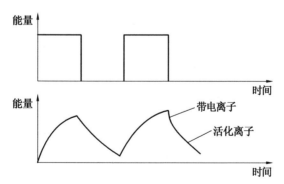

图 4.4　脉冲直流辉光放电特点

与直流 PECVD 技术相比，脉冲直流 PECVD 技术具有许多优点：

（1）涂层残余应力低。与直流 PECVD 相比，采用脉冲直流 PECVD 技术沉积的 TiN 膜具有更低的残余应力，可以通过优化沉积工艺得到良好的膜层结构。

（2）可以控制化合物涂层的生长结构。采用脉冲直流 PECVD 技术，使在低温下（500 ~ 800 ℃）沉积 $\alpha-Al_2O_3$ 成为可能，且在低温下也可形成 $\gamma-Al_2O_3$ 和非晶体涂层。

（3）可以控制涂层的生长速率。脉冲 DC-PECVD 沉积薄膜过程中，可以通过阴极电流密度监控沉积速率。

（4）能够在复杂型腔内表面获得均匀涂层。脉冲直流等离子的引入，在狭缝、深孔的部位较容易建立起稳定的辉光放电场，借助调节脉冲真空比，可以有效地避免瞬时弧光放电对模具表面的烧伤。

（5）提高了灭弧速度，不易烧伤工模具表面。

2. 脉冲 DC-PECVD 装置

脉冲直流 DC-PECVD 设备简图，如图 4.5 所示。该设备由真空容器、外部加热设备、真空排气系统、脉冲直流电源、气体供给装置、计算机控制系统等部分组成。直流脉冲 PECVD 技术可以使用不同种类的气体，从而形成不同的涂层类型，既能生成单层涂层，也能形成多层涂层及梯度涂层；而且可以在同一设备、真空条件下，在同一生产周期内完成"扩散硬化层 + 硬质涂层"的复合处理工艺。表 4.3 对采用脉冲 DC-PECVD 法制备的各种硬质涂层的性能进行了比较。

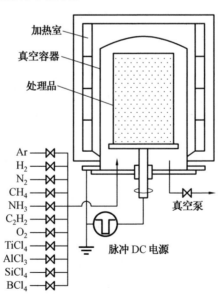

图 4.5 脉冲 DC-PECVD 设备示意图

表 4.3　采用脉冲 DC-PECVD 法制成的各种硬质涂层的性能比较

	TiN	TiCN	TiAlN	TiAlCN	TiAlON	TiAlSiCNO系	Ti-Al-Si-B-C-N-O	DLC
工作温度/℃	450 ~ 550	450 ~ 550	450 ~ 550	450 ~ 550	450 ~ 550	450 ~ 550	450 ~ 550	≤200
涂层硬度/HV	2 000 ~ 2 300	2 300 ~ 3 500	2 300 ~ 3 500	2 300 ~ 4 000	1 400 ~ 2 300	1 500 ~ 5 000	1 000 ~ 6 000	1 000 ~ 5 000
涂层颜色	金	粉红-银-灰	紫-灰	紫-灰	黑	紫-黑	紫-黑	黑
涂层构造	单层	多层梯度涂层	多层梯度涂层	多层梯度涂层	多层梯度涂层	多层梯度涂层纳米复合层	多层梯度涂层纳米复合层	（非晶质）
最高使用温度/℃	600	500	800	750 ~ 800	850	750 ~ 1 000	750 ~ 2 000	500
涂层厚度/μm	1 ~ 5	1 ~ 5	1 ~ 5	1 ~ 5	1 ~ 5	1 ~ 5	1 ~ 10	0.1 ~ 10
摩擦系数	0.1 ~ 0.5	0.1 ~ 0.2	0.1 ~ 0.5	0.1 ~ 0.5	0.1 ~ 0.5	0.1 ~ 0.5	0.05 ~ 0.5	0.02 ~ 0.2

3. 脉冲 DC-PECVD 技术应用

（1）在压铸模具方面的应用

在压铸模具行业,希望逐步废弃使用脱模剂,以满足环境要求,提高产品质量。以往,手机部件压铸件在采用脱模剂的情况下,使用几千次后就需要维护,使用 3 万次后,需要对腐蚀部位进行焊接修补;并且,由于使用脱模剂会产生飞溅,对环境造成污染,对产品的精度控制也非常困难。而采用脉冲DC-PECVD法制备的 TiAlSiCNO 系纳米复合涂层,可以完全不使用脱模剂,模具使用寿命可达 30 万次。不但模具的使用寿命大大延长,而且不采用脱模剂,作业环境大为改观。TiAlSiCNO 系纳米复合涂层,与溶液没有任何不良反应,溶液的流动性好,有效消除产品毛刺,使产品的精度大大提高;而且,脱模性能好,耐腐蚀性强。采用脉冲直流 PECVD 法制成的 TiAlSiCNO 系纳米复合涂层,对于镁压铸模、铝压铸模具及锌压铸模等,可以降低脱模剂的使用量。表 4.4 给出了采用直流 PECVD 法制成的 TiAlSiCNO 涂层以及 Ti-Al-Si-B-C-N-O 涂层的各类模具应用实例。

表 4.4　脉冲 DC-PECVD 法的各种压铸模具应用

模具种类	适用产品	模具材料	适用效果
镁压铸模	手机零件 材料:AZ91D 温度:650 ℃	SKD61 改良钢	①未进行 PECVD 处理:约 5 000 次时发生烧结现象,使用寿命:约 30 000 次(使用脱模剂) ②PECVD(TiAlSiCNO)处理:寿命达 300 000 次(不适用脱模剂)
锌压铸模	照相机零件 材料:ZDC2 温度:450 ℃	SKD61 (48HRC)	①未进行 PECVD 处理:每次都需要涂刷脱模剂,仍会发生零件粘留现象 ②PECVD(TiAlSiCNO)处理:只需使用以往 1/8 的脱模剂,零件粘留现象大幅度下降
锌压铸模	生活用品 材料:ZDC2 温度:450 ℃	SKD61	①未进行 PECVD 处理:每次都需要涂刷脱模剂 ②PECVD(TiAlSiCNO)处理:无需刷脱模剂,使用寿命 10 000 次以上
铝压铸模	汽车零部件 材料:ADC10 温度:700 ℃	DH21 (48HRC)	①未进行 PECVD 处理:约 50 000 次发生腐蚀现象 ② PECVD(TiAlSiCNO)处理:120 000次未发生腐蚀现象
铝压铸模	汽车零部件 材料:ADC3 温度:700 ℃	DAC55 (50HRC)	①未进行 PECVD 处理:约 25 000 次发生腐蚀现象 ② PECVD(TiAlSiCNO)处理:100 000次未发生腐蚀现象
铝压铸模	汽车零部件 材料:ADC12 温度:660 ℃	DH31S (48HRC)	①未进行 PECVD 处理:每次都需要涂刷脱模剂 ②PECVD(TiAlSiCNO)处理:无需刷脱模剂使用 100 次

（2）在加工工具上的应用

采用脉冲 DC-PECVD 在 K35 硬质合金钻头上镀有金属光泽的 TiN 膜后,在加工航空发动机超硬高温材料零部件时使用寿命提高了一倍。而且,该钻头经刃部修磨后,边缘部分未脱落,加工中还起到了提高寿命的作用。采用脉冲直流 PECVD 技术镀制的 TiN 膜立铣刀,经航空工厂现场加工使用后表明,镀膜后的铣刀切削速度明显加大,出屑率加快,工件余热很快导出,刀具刃部不易发热,生产效率和刀具精度明显提高。采用该立铣刀切削 1Cr18Ni9Ti 不锈钢工件发现,镀 TiN 后刀具使用寿命延长了一倍。

（3）在热作模具工业中的应用

热作模具在使用过程中要承受冲击、磨损、疲劳等多种作用,工作条件比较恶劣。表 4.5 是利用工业型脉冲 DC-PECVD 进行表面强化的工模具的应用试验结果。

表 4.5　脉冲 DC-PECVD 在热作模具上的应用

应用实例	工模具材料	渗镀种类	最终热处理状态	待镀件工况条件
M12 螺栓六方模	LD7	TiN	淬火+560 ℃回火	对 35 钢件供货状态,进行加工
叶片终锻模	H13	离子氮化+Ti(C,N)镀层	淬火+回火,HRC48-52	用于叶片成型,叶片材料为钛合金,叶片加热940 ℃
挤压模具	4Cr5MoSiV	离子氮化+TiN 镀层	淬火+回火,HRC48-52	用于生产铝型材,工作温度大约 500 ℃

经过脉冲直流 PECVD 表面镀层或渗镀复合处理后的工模具,经过工业试验,镀层表面表现出较好的抗冲击和抗疲劳性能,并有良好的耐磨性能。工模具表面强化后,其使用寿命平均提高 1~2 倍。

4.3.6　射频等离子体增强化学气相沉积（RF-PECVD）

1. RF-PECVD 特点

以射频辉光放电的方式产生等离子体进行化学气相沉积的方法,称为射频等离子体辅助化学气相沉积。射频是指电源频率进入无线电频率范围,这时电子受高频电磁辐射的激励获取足够高的能量使与之碰撞的中性原子或分子电离,从而降低了击穿电压以及放电过程对二次电子的依赖性。射频的频率根据源气体的性质确定,频率可以从数百千赫至数百兆赫,常用频率为450 kHz,4 MHz,13.56 MHz,113.56 MHz 等。合适的频率有利于源气体的激发。通常采用电容耦合或电感耦合法将电源的能量耦合给工作气体。为了提高膜层的性能和沉积速度,还可以在装置中附加直流偏压和磁场。

射频等离子辅助化学气相沉积能量利用率高,沉积温度较低(300 ℃左右),可以沉积氮化物、氧化物等多种膜层,是一种应用广泛的 PECVD 方法。

2. RF-PECVD 装置

最常用的射频电源频率为 13.56 MHz。射频电源可以通过阻抗匹配网络与电极相连,而电极可以设置成内置式或外置式,耦合方式可以是容性耦合,也可以是感性耦合。使用匹配网络则是因为辉光放电阻抗很高,与一般射频电源的输出阻抗(约 50 Ω)不匹配。一个典型的匹配网络由并联可变电容、串联可变电容及固定电感组成。

电容耦合射频 PECVD 装置如图 4.6 所示,射频电压加在相对安置的两个平板电极上,在其间通入反应气体并产生相应的等离子体。在等离子体各种活性基团的参与下,在衬底上实现薄膜的沉积。

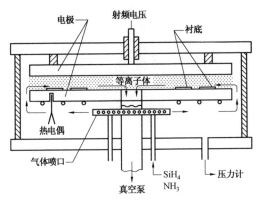

图 4.6 电容耦合射频 PECVD 装置的典型结构

电容耦合 RF-PECVD 克服了直流辉光放电法产生的电荷积累所导致的沉积速率低的缺点。在这种方法中,射频电源加在电容的两极,基体则作为电容的阴极,沉积室壁作为阳极,上下两极板的面积不同。如果射频频率比电离等离子体的频率高,电子可以随频率电压一起运动,而离子则不能,由于电极的面积以及电子与离子可动性的差别,在电极上产生一直流负偏压,可提高离子轰击基体的能量。

电容耦合射频 PECVD 的优点是:可以实现薄膜的均匀、大面积沉积;可形成不对称的电极形式,产生可被利用的自偏压;可大幅降低沉积温度。如采用电容耦合射频 PECVD 技术,可使需要在高温(750~900 ℃)下进行的由 SiH_4,NH_3 生成 Si_3N_4 介质薄膜的 CVD 过程,降低至 300 ℃。

电容耦合射频 PECVD 的缺点是:由于使用电极将能量耦合到等离子体中,电极表面会产生较高的鞘层电位,它使离子高速撞击衬底和阴极,会造成阴极溅射和薄膜污染;在功率较高等离子体密度较大的情况下,辉光放电会转变为弧光放电,损坏放电电极。这使可以使用的电源功率以及所产生的等离子体密度受到了限制。

电感耦合的 PECVD 克服了电容耦合的缺点,其装置的示意图如图4.7所示,其中高频线圈置于反应容器之外,它产生的交变感应磁场在反应室内诱发交变感应电流,从而形成气体的无电极放电。使用该装置不存在离子对电极的轰击和电极的污染,也没有电极表面辉光放电转化为弧光放电的危险,可产生高出两个数量级的高密度等离子体,在等离子体的下游即可获得薄膜沉积。等离子体密度可以很高,但其均匀性较差,均匀面积较小。

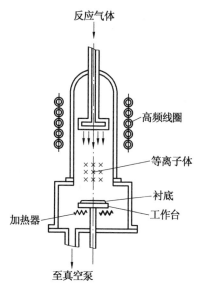

图 4.7 电感耦合的 PECVD 装置的典型结构

3. RF-PECVD 技术应用

（1）应用于太阳能电池上的氮化硅膜

射频等离子体辅助化学气相沉积大规模生产的第一种材料是氮化硅膜。RF-PECVD 法制备的氮化硅薄膜已在硅基太阳能电池中广泛应用。这主要是由于氮化硅具有独特的无可比拟的优点：

① 介电常数高，其值为 8 F/m，而二氧化硅或二氧化钛均为 3.9 F/m；

② 碱金属离子（如 Na^+）的阻挡能力强，并具有捕获 Na^+ 的作用；

③ 氮化硅质硬耐磨，疏水性好，针孔密度低，气体和水汽极难穿透；

④ 减反射效果好，氮化硅薄膜的折射率接近 2.0，比二氧化硅（$n=1.46$）更接近太阳电池所需的最佳折射率 2.35，是所有已应用的介质膜中最符合太阳电池减反射层要求的材料；

⑤ PECVD 法制备的薄膜同时为太阳电池提供较为理想的表面和体钝化。二氧化硅只有表面钝化作用，而氮化硅薄膜有相当好的表面和体钝化作用，可使硅表面复合速度 SRV 降至 10 cm/s，改善电池性能，有效地提高电池效率。

此外，氮化硅膜由于具有优良的光电性能、钝化性能、强的阻挡杂质粒子扩散以及抗水汽渗透能力，在光电子、微电子器件中得到广泛应用，主要用来充当绝缘层、钝化保护层以及各种敏感薄膜层等。而且还具有很高的硬度和强的化学稳定性，从而在材料表面改性技术领域也有广阔的应用前景。

（2）非晶硅钝化膜

射频等离子增强化学气相沉积是目前最常见的制备非晶硅的方法，可大面积地以比较低成本制备非晶硅膜，非晶硅膜具有极好的光导性能和高的可见光吸收系数，它是太阳能电池等重要的光器件的适宜膜层。用非晶硅制作太阳光电池，不仅成本低，而且工艺简便，能耗小，以玻璃或不锈钢等廉价材料作衬底，容易制造大面积的太阳光电池。在最近几年中，国际市场上太阳能光电池尺寸迅速增大，表明了非晶硅膜的应用与发展迅速。

（3）类金刚石膜（DLC）

射频等离子体辅助化学气相沉积是目前最常用的类金刚石膜（DLC）沉积方法之一。该方法具有沉积温度低，沉积面积大，沉积速率高，膜层质量好，适于在介质基片上沉积等优点。DLC 膜具有与金刚石相类似的优异的力学性能、电学性能、光学性能、化学性能以及生物性能。

在机械领域，DLC 膜可沉积在金属、陶瓷、硬质合金等各种基体上，通过优化表面性能以满足不同的使用要求。DLC 具有高的硬度和减磨耐磨性能,用做刀具涂层可降低刀具磨损,提高刀具使用寿命。DLC 膜可以作为磁盘、磁头或磁带表面的保护膜,减少摩擦磨损、防止机械划伤,提高磁记录介质的使用寿命。DLC 膜具有良好的热稳定性和热传导性,是一种很有发展前途的散热涂层。

在电子领域,DLC 是一种制造薄膜晶体管的优异材料,具有良好的高温灵敏度;DLC 具有负电子亲和力和功函数低的特性,可以作为真空微电子器件阴极涂层材料制成大面积平面场发射管。

在光学领域,DLC 具有高的光学透射率,光散射吸收少,其折射率因沉积条件的不同可在很宽的范围内变化,一般为 1.7~2.3,可满足不同红外光学元件单层减反射涂层的需要,用作光学仪器的红外增透保护膜。DLC对 Si,Ge 的增透和保护效果已达到实用水平。在 Ge 片上沉积 DLC 用作 CO_2 激光器发射窗口,透射率和表面硬度明显提高,使激光器的效率提高了1.8 倍。

4.3.7 微波等离子体增强化学气相沉积(MW-PECVD)

1. MW-PECVD 特点

微波等离子体增强化学气相沉积是利用微波放电产生的等离子体促进化学反应降低反应温度的化学气相沉积技术。

一般来说,凡直流或射频等离子体能应用的领域,微波等离子体均能应用。此外,微波等离子体还有其自身的一些特点:

①在一定的条件下,它能使气体高度离解和电离,即产生的活性粒子很多,称之为活性等离子体。

②它可以在很宽的气压范围内获得,因而等离子体温度变化范围很大。低压时,对有机反应、表面处理等尤为有利,称之为冷等离子体;高压时其性质类似于直流弧,称之为热等离子体。

③微波等离子体发生器本身没有内部电极,从而消除了气体污染和电极腐蚀,有利于高纯化学反应和延长使用寿命。

④微波等离子体的参数变化范围较大,这为广泛应用提供了可能性。

目前,MW-PECVD 已在集成电路、光导纤维、保护膜及特殊功能材料的制备等领域得到日益广泛的应用。

2. MW-PECVD 装置

微波法在所有金刚石薄膜制备法中具有十分突出的优越性,微波等离子体化学气相沉积被认为是高速率、高质量、大面积沉积金刚石膜的首选方法。

　　制备金刚石薄膜的 MW-PECVD 装置主要由微波发生器、环形器、定向耦合器、表面波导放电部分及沉积室组成。MPECVD 沉积装置按真空室的形式分为:石英管式、石英钟罩式和带有微波窗的金属腔体式等;按微波与等离子体的耦合方式分为:表面微波耦合式、直接耦合式、天线耦合式和线形同轴耦合式;按使用的微波频率分为:2.45 GHz 和 915 MHz。

　　目前,最常用、最简单也是最早出现的装置是表面波耦合石英管式装置,它是由一根石英管穿过矩形波导传来的频率为 2.45 GHz 微波场构成,放电管中部正好是电场最强的地方,从而在放电管中部生产稳定的等离子体球。等离子体球的精确位置可以通过波导终端的短路滑片来调节(见图4.8(a));石英钟罩式有两类:直接耦合式和天线耦合式,图 4.8(b)为天线耦合钟罩式 MPECVD 装置。带有微波窗的金属腔体式也有两类:直接耦合式,如澳大利亚 Sydner 大学的不锈钢圆筒腔式 MPECVD 装置,图 4.8(c)为此类装置的示意图;天线耦合式,如 ASTEX 公司销售的 HPMS 等离子体沉积系统和英国 Heriot-Watt 大学的 UHV 反应室沉积系统等,图 4.8(d)为 ASTEX 装置示意图。在表面波耦合石英管式反应器中,当微波功率加大时,石英管受热软化,因此该类反应器的微波功率受到限制,一般低于800 W,而 ASTEX 型由于使用天线将 TE10 模式的频率为 2.45 GHz 的微波转变为 TM01 模式,使得微波穿过一石英窗口后进入沉积腔,在基片台上方放电并产生等离子体球,将被抛光研磨了的直径达 100 mm 的基片置于加热台上并紧贴着等离子体球,在一定条件下可在基片上沉积出金刚石膜,由于沉积反应室是由带水冷却装置的金属制成,因此可以承受较高功率的微波输入,微波功率可达到 5～8 kW,而高功率微波对金刚石膜沉积有巨大的作用。

　　石英钟罩式设备用钟罩形(或杯形、盘形)石英窗,不锈钢反应室式设备用圆形平板石英窗,是两种能通过微波并隔离大气与真空环境的微波等离子体装置的关键部件。从形成清洁环境(指没有金属腔体的金属对处理试样的污染)和激励等离子体的场强分布等方面来看,钟罩形石英窗优于圆形平板石英窗;从制造成本和石英窗的散热冷却方面来说,圆形平板石英窗优于钟罩形石英窗(钟罩面积大)。两者各有优缺点。制备金刚石膜的基体温度通常为 600～1 200 ℃。对于较高功率的装置,不锈钢反应室(用圆形平板石英窗)可加水冷夹套,使得设备制造成本偏高。在 1 000 ℃以下石英制品的长期使用是稳定和安全的,反应室由不锈钢底盘和石英钟罩以及金属圆筒形微波腔构成,制造成本可明显下降。所以石英钟罩式是微波功率在 2 kW 以下的一种很好的装置类型。

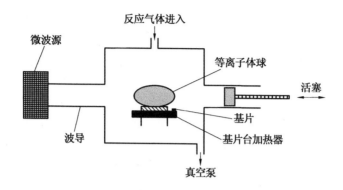

(a) 表面波耦合石英管式装置

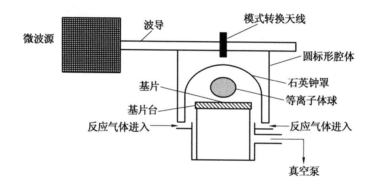

(b) 天线耦合钟罩式 MPECVD

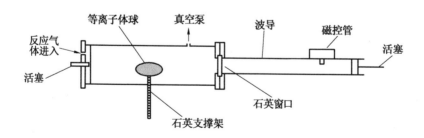

(c) 直接耦合不锈钢圆筒腔式装置

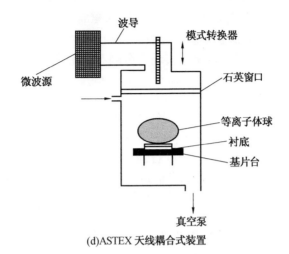

波导

模式转换器

微波源

石英窗口

等离子体球

衬底

基片台

真空泵

(d)ASTEX 天线耦合式装置

图4.8　MPECVD 装置示意图

3. MW-PECVD 技术应用

（1）金刚石膜

MW-PECVD 制备金刚石膜具有独特的优势,采用该方法制备的金刚石膜性能接近甚至超过天然金刚石,在多个领域得到广泛应用。采用MW-PECVD制备的金刚石膜形貌如图4.9所示。

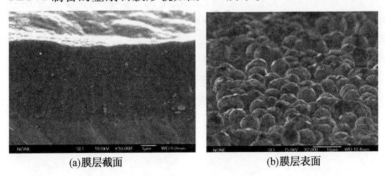

(a)膜层截面　　　　(b)膜层表面

图4.9　金刚石膜形貌图

用 MW-PECVD 在 YG8 硬质合金刀具表面沉积一层金刚石膜,不仅极大地延长了刀具的使用寿命,加工质量也显著提高。采用 MW-PECVD 在钼金属基片上沉积一层金刚石厚膜(厚度大约 200 μm),然后用激光切割成所需要的形状,焊接到刀具上制成金刚石厚膜刀具,并逐步取代传统的PCD 金刚石刀具。

MW-PECVD 法沉积的金刚石膜纯净、缺陷少、面积大,也适合于热沉领域的应用要求。目前,采用 MW-PECVD 金刚石热沉(散热片)的大功率半导体激光器已经在光通信、激光二极管、功率晶体管、电子封装材料等方面都有应用,金刚石热沉积商品在国外市场上也有出现。

MW-PECVD 技术在低温下实现了金刚石膜的沉积,能够满足大多数光学材料衬底的使用要求,且膜层透射性好、硬度高,可以作为光学材料涂层。采用 MW-PECVD 制备的高红透射率的金刚石薄膜,在中红外区其平均透射率超过 65.0%,接近金刚石红外透射率的理论值 71.4%。

采用 MW-PECVD 技术可以将 S 原子掺入到金刚石薄膜中,通过适当掺杂,调节其电阻率制成 N 型金刚石,成为理想的高温半导体材料。此外,MW-PECVD 方法制备的金刚石薄膜的禁带宽度为 5.45 eV,可在 600 ℃条件下工作,是制作高温电子器件的理想材料。

(2)碳纳米管

纳米碳管以其独特的物理化学性能,独特的金属或半导体性能、极高的机械强度、良好的储氢能力、吸附能力和较强的微波吸收能力,以及作为新型准一维功能材料、介孔材料而日益受到人们的重视。

纳米碳管的低温合成是目前纳米碳管的一个重要研究方向。相对于电弧法和激光蒸发法而言,化学气相沉积法的合成温度较低,尤其是等离子体增强化学气相沉积法在低温合成纳米碳管方面具有很大的优势。目前已有报道表明,国内采用 MW-PECVD 技术用于碳纳米管的低温合成已经取得了很好的结果,如已采用通过微波等离子体辅助化学气相沉积方法以 Ni/孔性 Al_2O_3 为模板,低温(<520 ℃)合成了呈列线排布的碳纳米管阵列,且制备工艺简单。应用微波等离子体化学气相沉积法(MW-PECVD)在含有图案化的 Ni 催化剂薄膜上选择性的沉积了定向有序碳纳米管阵列等,碳纳米管阵列仅仅生长在镀有催化剂的长条内,实现了碳纳米管的受控生长及选择性生长,碳纳米管是成束定向生长的,每一束的直径大约是 500 nm,如图 4.10 所示。

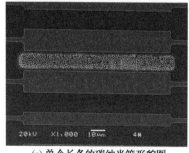 

(a) 单个长条的碳纳米管形貌图　　(b) 碳纳米管阵列的局部高分辨率扫描电镜照片

图 4.10　碳纳米管形貌图

4.3.8 电子回旋共振等离子体增强化学气相沉积 (ECR-PECVD)

1. ECR-PECVD 特点

20 世纪 70 年代发展起来的微波电子回旋共振等离子体化学气相沉积(ECR-PECVD)技术,成为电子工业微电子器件沉积钝化膜的最佳工艺。

在 875 GS(高斯)的磁场中,电子受洛伦兹力发生回旋运动,同时,在此区域内存在 2.45 GHz 的微波,电子的回旋运动和微波就会发生共振现象。ECR-PECVD技术具有许多其他工艺无法相比的优点:

(1)处于回旋共振条件下的电子能有效地吸收微波功率,与其他等离子体 CVD 相比,它的能量转化效率高,可获得大于 10% 的等离子体电离度和约 $10^{13} cm^{-3}$ 的电子密度,而通常射频等离子体 CVD(RF-PECVD)电离度仅为 10^{-4},电子密度仅为 $10^{11} cm^{-3}$。

(2)高的电子密度及高的电离度使工作气体的离解效率大大增加,因而可在低的气体流量下获得较高的淀积速率,一般无需对衬底加热就可以获得高质量薄膜。

(3)垂直于样品表面的磁场在沉积室从等离子室到样品逐步减弱,这个发散的磁场使离子向样品作加速运动,增强了离子对样品表面的轰击能量,促进了薄膜的生长,同时也使膜与衬底结合力提高。

(4)由于淀积室与放电室分开,样品不直接处于等离子体区,高能粒子对样品表面的损伤大大减小。

该 ECR-PECVD 方法制备的薄膜,沉积温度低、成膜质量好、杂质含量少,且无高能粒子辐射损伤。

2. ECR-PECVD 装置

图 4.11 是典型的 ECR-PECVD 装置,它包括放电室、沉积室、微波系统、磁场线圈、气路与真空系统等几部分。放电室也是微波谐振腔。沉积室内的样品可由红外灯加热。微波由矩形波导通过石英窗引入放电室,反应气体分两路分别进入放电室及沉积室。进入放电室的气体在微波的作用下电离,产生的电子和离子在静磁场中做回旋运动,当微波频率与电子回旋运动频率相同时,电子发生回旋共振吸收获得高达 5 eV 左右的能量。此后,高能电子与中性气体分子或原子碰撞,化学键被破坏发生电离,形成大量高活性的等离子体,进入沉积室的气体与等离子体充分作用并发生多种反应,如电离、聚合等,从而实现薄膜的淀积。

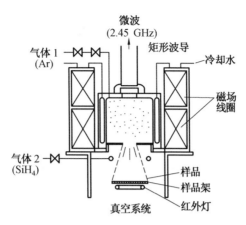

图 4.11　ECR-PECVD 装置的原理示意图

ECR-PECVD 方法所要求的真空度较高,约为 $10^{-1} \sim 10^{-3}$ Pa。ECR 方法获得的等离子体的电离度比一般的 PECVD 方法要高出 3 个数量级。这意味着其等离子体具有很高的活性。加之这种方法的其他优点,如低气压低温沉积、等离子体可控性好、沉积速率高和无电极污染等,使得 ECR-PECVD 技术被广泛应用于薄膜沉积以及刻蚀方面。

3. ECR-PECVD 技术应用

迄今为止,采用 ERC-PECVD 方法已经成功地沉积了许多种薄膜,如 SiO_2、Si_3N_4、$\alpha-Si$：H、金刚石薄膜、TaO 及 Al_2O_3 等。

ERC-PECVD 方法沉积的 Si_3N_4 和 SiO_2 薄膜的致密性和抗腐蚀性可分别与高温 CVD 沉积的 Si_3N_4、高温热氧化的 SiO_2 相比,且由于衬底不需加热,用该技术沉积的 Si_3N_4 和 SiO_2 作为集成电路金属氧化后的最终钝化膜非常适合,且效果很好。

在非晶态半导体中,ERC-PECVD 方法沉积的 $\alpha-Si$：H 薄膜不仅成功地用于制造太阳能电池,而且在矩阵显示等方面显示出重要的应用前景。与目前制备的 $\alpha-Si$：H 最常用的方法 RF-PECVD 相比,沉积速率可提高 20 倍甚至更多,这也使得近来应用 ECR-PECVD 沉积 $\alpha-Si$：H 越来越受到重视。以 ERC-PECVD 技术制备的 $\alpha-Si$：H 的结构、物理特性与 RF-PECVD 生长的 $\alpha-Si$：H 相近,且可通过制备过程中适当增加微波功率和衬底温度改善 $\alpha-Si$：H 薄膜的性能,如增加暗电导率和光电导率,降低自旋密度,提高迁移率等。

由 ECR-PECVD 制造的 ITO/$\alpha-Si$：H/Cr 肖特基光电二极管的光电流与暗电流之比在 4 000 左右,可用作图像传感元件。

此外,应用 ECR-PECVD 已获得了迄今为止最大面积、高质量的金刚石膜。材料表面沉积一层金刚石薄膜后,变得坚硬、耐磨并具有高的导电性。

参考文献

[1] 河田一喜,向建华. 采用 PCVD 法提高模具性能[J]. 中国热处理技术通讯,2008(4): 75-79.

[2] 满卫东,汪建华,马志斌,等. 微波等离子化学气相沉积——一种制备金刚石膜的理想方法[J]. 真空与低温,2003,9(1): 50-56.

[3] 赵晶晶. 非晶硅薄膜太阳能电池材料 PECVD 关键技术研究[D]. 硕士学位论文. 合肥工业大学材料科学与工程学院, 2010.

[4] 戴达煌,刘敏,余志明,等. 薄膜与涂层现代表面技术[M]. 长沙:中南大学出版社,2008.

[5] 王福贞,马文存. 气相沉积应用技术[M]. 北京:机械工业出版社, 2006.

[6] 田民波,刘德令. 薄膜科学与技术手册[M]. 北京:机械工业出版社, 1991.

[7] 陈学定,韩文政. 表面涂层技术[M]. 北京:机械工业出版社, 1994.

[8] 曾晓雁,吴懿平. 表面工程学[M]. 北京:机械工业出版社, 2001.

[9] 马大衍,王昕,马胜利,等. 脉冲直流等离子体增强化学气相沉积 Ti-Si-IV 纳米薄膜的摩擦磨损特性[J]. 摩擦学学报,2003,23(6):476-479.

[10] 张涛,林香祝,陈仁悟. 等离子化学气相沉积技术的发展现状和展望[J]. 陕西机械工业学报,1988,3(4): 11-17.

[11] 谢雁,赵程,李世直. 辅助外加热方式直流等离子化学气相沉积 TiN 的研究[J]. 表面技术, 1997, 26(3)18-20.

[12] LI Shizhi, ZHAO Cheng, XU Xiang, et al. The application of hard coatings produced by plasma-assisted chemical vapor deposition[J]. Surface and Coating Technology, 1990,43(44): 1007-1014.

[13] 王亨瑞,雷亚民,玄真武,等. 论化学气相沉积(CVD)金刚石技术最新进展[J]. 超硬材料工程, 2010, 22(1): 22-27.30.

[14] 刘一声. 射频微波等离子体 CVD 法制备薄膜材料及其应用[J]. 半导体技术, 1992, 4(2): 52-58.

［15］黄建良, 汪建华, 满卫东. 微波等离子化学气相沉积金刚石膜装置的研究进展［J］. 真空与低温, 2008, 14(1)：1-5.

［16］赵约瑟, 曾葆青, 杨中海, 等. 微波等离子体化学气相沉积法制备图形化碳纳米管阵列［J］. 中国科技论文在线, 1-5.

［17］楚信谱. 等离子体增强化学气相沉积 DLC 膜的研究［D］. 硕士学位论文. 大连理工大学材料科学与工程学院, 2007.

［18］高心海. PCVD 工艺及其在机车车辆工业中的应用［J］. 机车车辆工艺, 2002, 6：1-4.

［19］王福正, 闻立时. 表面沉积技术［M］. 北京：机械工业出版社, 1989.

［20］朱华. 碳纳米管的制备方法研究进展［J］. 江苏陶瓷, 2008, 41(4)：20-22.

［21］张叶成, 张津, 郭小燕. PCVD 技术在模具强化中的应用与进展［J］. 模具工业, 2008, 34(2)：64-68.

［22］富力文. 电子回旋共振微波等离子体化学气相沉积［J］. 物理, 1989, 18(3)：167-168.

［23］吴大兴, 杨川, 高国庆. 用 DC-PCVD 装置对钢沉积 Si_3N_4 薄膜［J］. 金属学报, 1997, 33(3)：320-324.

［24］SCHULTE B, JUERGENSEN H, BLACKBOROW P. Flexibility of microwave plasma chemical vapor deposition for diamond growth［J］. Surface and Coating Technology, 1995, 74/75：634-636.

第5章　等离子化学热处理

化学热处理(Thermochemical Treatment)是将工件置于适当活性介质中加热,使活性原子或离子通过吸附、扩散渗入工件表面层中,以改变其表面化学成分和组织,从而获得所需性能的表面处理工艺方法。

根据渗入元素的种类,化学热处理分为渗入非金属元素和渗入金属元素。根据渗入介质的物理状态,化学热处理又可以分为固态渗、液态渗、气态渗及等离子渗。原则上讲,绝大多数的化学热处理可以在四种介质中的任意一种中进行,但渗非金属常在气态和液态介质中进行,渗金属常用的是固态和液态介质,基于环境及可持续发展的要求,液态处理将逐渐减少,而等离子处理作为一种无污染和低能耗的化学热处理将得到越来越广泛的应用。

等离子化学热处理是利用稀薄气体中阴极(工件)和阳极(炉体)之间的辉光放电现象进行的化学热处理,又称辉光放电化学热处理(见图5.1)。氮、碳、硼、硫等多种金属和非金属元素都可以通过等离子化学热处理方法渗入到金属工件表面从而使工件的表面硬度、耐磨性和疲劳性能大幅度提高。本章主要介绍等离子渗氮、等离子渗碳、等离子氮碳共渗、等离子渗金属。

图 5.1　等离子渗氮时的辉光放电现象

5.1　等离子渗氮

等离子渗氮是等离子化学热处理中研究最多、技术最成熟、应用最广泛的工艺。等离子渗氮最早可以追溯到 20 世纪 30 年代初,在 50 年代末等离子渗氮工艺逐渐成熟。我国于 1967 年开始进行等离子渗氮研究,1971 年后一些科研院所、大专院校和生产厂家先后投入大量人力和物力,对等离子渗氮进行机理和应用的研究。随着研究工作的进行,等离子渗氮技术在实践中的应用范围越来越广泛。80 年代以后,等离子渗氮在渗氮方法中的比例逐年上升,欧洲各国的渗氮零件中,有 25% 采用等离子渗氮。到了 90 年代,等离子渗氮技术更加完善,已经进入了稳定的工业生产阶段。

5.1.1　等离子渗氮原理

等离子渗氮的原理和固体、液体、气体的渗氮机理一样,都分成三个阶段。第一阶段产生活性氮原子,第二阶段活性氮原子从介质迁移到工件表面,第三阶段氮原子从工件表面扩散到工件心部。第三阶段受扩散控制,四种渗氮介质相差不大。但等离子渗氮在第一阶段、第二阶段与气体和液体渗氮有很大区别。气体和液体渗氮时,活性氮原子的产生是靠气体分子的热分解来实现的,需要将介质加热到一定的温度。而等离子渗氮时,活性氮原子是在外加电场作用下由具有高动能的电子与氮分子和氮原子碰撞而形成,反应过程如下:

（1）电子与气体分子的碰撞使气体分子分解成原子

$$e + N_2 \Rightarrow 2N + e$$

（2）电子与原子的碰撞产生正离子并释放电子

$$e + N^0 \Rightarrow N^+ + e$$

上述反应过程受气体成分、工作压力以及各种电参数影响较大,与温度的关系不大。低温仍然能产生活性氮原子。碰撞形成活性氮原子后,氮会转移到工件表面,再从工件表面扩散到心部。但活性氮原子转移到工件表面的机理尚有争议,有多种解释和模型。人们在不同的试验条件下,先后提出了溅射、氮氢分子离子化、中性原子轰击等几种等离子渗氮理论。尽管这些理论存在一定局限性,但这些理论都在一定程度上指导着应用技术的研究和实践。在所有的模型和理论中,"溅射-沉积"理论被认为是活性氮从等离子气氛中进入工件表面的主要迁移方式。等离子渗氮的溅射沉积原理如图 5.2

所示。当高能粒子轰击钢铁工件表面时,由于溅射和蒸发的原因,使工件表面的铁原子脱离基体飞溅出来,产生阴极溅射效应。被溅射出来的铁原子在靠近工件表面的空间与活性氮原子反应形成 FeN 分子,FeN 分子凝聚后再沉积到工件表面。在渗氮温度下,FeN 分子不稳定,依次分解为含氮较低的 Fe_2N,Fe_3N,Fe_4N,并释放出氮原子。一部分氮通过扩散进入零件表面形成渗氮层,另一部分氮再返回等离子区。FeN 的不断生成和分解提供了形成渗氮层所需的氮源。

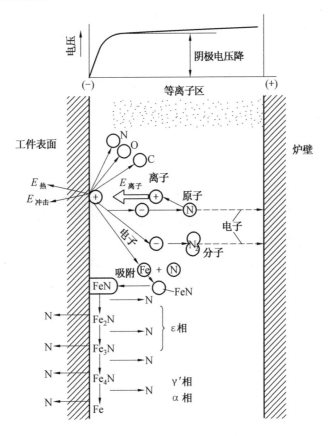

图 5.2 等离子渗氮的沉积溅射模型

5.1.2 等离子渗氮钢的组织

等离子渗氮和气体渗氮一样,渗层也是由扩散层和化合物组成。扩散层的基体是氮在铁中的固溶体,其上弥散分布着细小的合金及铁的氮化物,依靠弥散强化提高渗层扩散区的硬度。但等离子渗氮和气体渗氮得到

101

的化合物层组织和性能差别很大。等离子渗氮因为气体成分、工作压力、电压等参数都可以调节,所以等离子体渗氮层的组织性能是可控的,既可以得到只有扩散层无化合物层的组织(见图 5.3(a)),也可以得到扩散层加一薄层 γ'-Fe_4N 化合物的组织(见图 5.3(b)),还可以得到扩散层加一薄层 ε-$Fe_{2-3}N$ 的组织。由于表面的化合物层薄而致密、脆性小、不易剥落,所以经等离子渗氮后的工件不用进行表面加工,可以直接使用。一般来说渗氮层中无化合物层或以 γ' 相为主的化合物层,适用于疲劳磨损和交变负荷的工况;对黏着磨损负荷,则以较厚的 ε 相化合物层为佳。气体渗氮的组织见图 5.3(c),为很厚的 Fe_4N 和 $Fe_{2-3}N$ 组成的两相化合物层,俗称"白亮层"。由于两种氮化物热膨胀系数和比容不同,在两相形成和生长的过程中相界面产生很高的应力使相界面弱化,所以当使用温度变化或在外界应力作用下,相界面处很容易产生裂纹。因此,气体渗氮的氮化物层容易剥落,必须磨去才能使用。

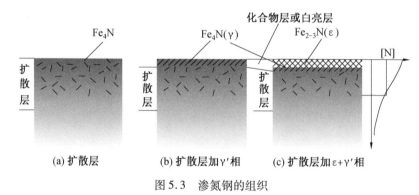

图 5.3　渗氮钢的组织

5.1.3　等离子渗氮工艺参数

等离子渗氮工艺参数包括气、热、电三个方面,主要有气体成分、气体压力、温度、时间、电流密度和电压。

1. 气体成分

目前常用于等离子渗氮的介质有 NH_3、热分解氨、N_2+H_2,在此基础上,再加入少量乙醇或丙酮、CO_2、丙烷等作为碳的来源,即可实现等离子软氮化工艺。

氨气通常由液氨汽化而成,因其价格低廉、来源广泛、使用方便已成为使用最广泛的等离子渗氮介质。但直接使用氨气也有不少缺点,其中最主要的缺点是氮势不能控制,这是由于氨在炉内的分解率随进气量、温度和起辉面积而变化。因此直接用氨气进行等离子氮化无法控制渗层组织,一般只能得到 $\varepsilon+\gamma'$ 相的混合化合物层。此外,因炉内各处气体分解情况不同,会造成工件表面电流密度不均匀而使温度不均匀。尽管如此,对大多数性能要求不太高的工件来说,NH_3 仍是使用最多的等离子渗氮气源。

为了避免使用冷氨直接通入炉内存在的上述缺点,人们将 NH_3 通过高温(700~900 ℃)热裂解后再通入炉内,收到了较满意的效果。氨气的分解率可通过调整裂解温度予以控制。

N_2+H_2 的混合气也在生产实践中广泛应用。等离子渗氮时,H_2 作为稀释气体加入,可以大大降低渗氮反应的活化能,氢气还起还原零件表面氧化物的作用,以获得"活性"的表面,降低了对设备漏气率的要求。与氨及热分解氨相比,可更方便地调节渗氮气氛的氮势,容易控制渗氮层的组织。在等离子渗氮的负压状态下使用氢气是安全的。

炉内气氛对渗层组织结构有直接影响,研究表明:①提高混合气体中的氮浓度,易促使 ε 相的形成,而使 γ' 相减少。降低氮浓度,易形成 γ' 相。但氮浓度太低时,渗氮层会减薄,渗速降低。为了获得 γ' 相,N_2 和 H_2 混合比一般采用 1∶9~2∶8 为宜,碳钢可采用 2∶8;渗氮钢特别是 38CrMoAl 宜采用 1∶9。②化合物层中 ε 相体积分数均随着含碳气氛比例的增加而增加,当增加到某一临界值时,化合物层中开始出现 Fe_3C,此时 ε 量达最大值,若继续增大含碳气氛比例,则 ε 相的量逐步减少,直到 ε 含量为零,化合物层全变为 Fe_3C。③化合物层中的 γ' 含量始终随含碳气氛比例的增加而减少,Fe_3C 总是随碳气氛增加而增加。④含碳气氛的临界量与被处理材料的含碳量有关。随钢中含碳量增加,其临界量降低;反映了钢中的碳参与化合物层的形成。

2. 气体压力

等离子渗氮时炉内工作压力为 100~1 000 Pa。气体压力影响等离子辉光放电电流密度,而电流密度又影响升温速度与保温温度,从而对渗层组织特别是化合物的组织和结构产生影响。等离子渗氮炉气体压力高时辉光集中,炉压低时辉光发散。高压下容易获得 ε 相化合物,低压下容易获得 γ' 相化合物,在低于 40 Pa 或高于 2 660 Pa 时,不容易出现化合物层。炉内压力还会影响渗氮层和化合物层的深度。图 5.4 表示在 655 ℃ 和 522 ℃ 分别对三种基体进行等离子渗氮处理,炉内气体压力对渗氮层深度和化合物层厚度的影响。可见不同的温度不同的基体具有相同的影响趋势,即存在一个压力最佳值,在此压力下,渗层深度和化合物层的厚度达到最大。产生这一现象的主要原因为:当炉内工作压力很高时,单位体积内气体分子/原子数量增加,虽然碰撞几率增加,但电子和等离子自由程缩短,动能下降,因此气体电离比率和等离子溅射表面引起的溅射效应均降低。没有足够的 FeN 沉积到工件表面,导致化合物厚度减薄。当炉内工作压力很低时,电子和离子的动能因自由程增大而增加。溅射出来的 Fe 原子自由程也增大,而工件表面附近形成 FeN 以及 FeN 沉积到工件表面的几率降低。而离子动能增加会增大溅射率,将新生成的化合物层除去,最终导致化合物层变薄。

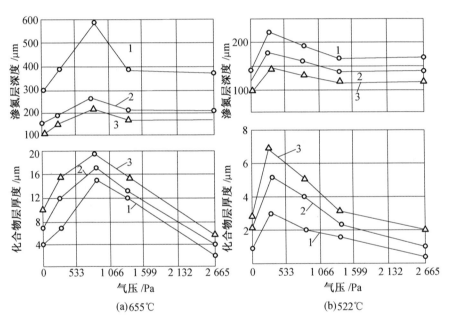

图 5.4 采用氨气在 655 ℃和 522 ℃等离子渗氮 1 h 炉压对渗层深度的影响

1—纯铁;2—40Cr;3—CrMoAl

3. 渗氮温度

渗氮温度是等离子渗氮极为重要的工艺参数。温度的高低将直接影响到渗速、表面硬度、渗层厚度及相结构、工件变形等。

等离子渗氮温度可根据零件材质、零件技术要求(包括渗氮层硬度、深度、心部硬度和允许的变形量)等因素综合考虑确定。温度低于 450 ℃,渗层极薄且含氮少,不易析出共格氮化物,工件表面硬度偏低。温度高于 650 ℃,则 ε 和 γ′ 相的退氮速度高于形成速度,化合物层减薄,组织粗化,渗层变脆,硬度也较低降。因此生产上常用的等离子渗氮温度为 450 ~

650 ℃。结构钢在较低的渗氮温度下能得到较高的渗层硬度、保持较高的心部强度、减少工件变形,但渗层较浅;580 ℃以上等离子渗氮一般只用于高合金不锈钢和含钛、钒的快速氮化钢。较高的氮化温度可以提高渗速、缩短生产周期,且渗氮形成的合金氮化物比较稳定,不至于因温度较高而聚集长大,所以这类钢高温渗氮后仍保持较高的表面硬度。

研究表明,化合物层、过渡层厚度及表面硬度均随温度的变化出现各自的极大值点,对应极大值的温度随钢种不同而异。渗氮温度的不同也将改变化合物中组成相的百分比。例如:在 N_2 和 H_2 混合气体中等离子渗氮时,对于每一种钢存在一个转折温度 T_c,低于 T_c 时,随着温度的提高,γ' 相增多,ε 相减少,而高于 T_c 时,随着渗氮温度的提高 γ' 相减少,ε 相增多。

4. 渗氮时间

渗氮时间的长短主要根据工件材料及工件所要求的渗层深度和渗氮温度而定,短则几分钟,长则几十小时。

一般认为,扩散层深度与时间服从抛物线关系。化合物层的厚度与时间的关系分为两段,氮化初期两者为直线关系,后期两者呈抛物线关系。保温时间也影响到化合物层中的相组成。氮化最初形成的化合物层中 ε 相最多,随着时间的延长,γ' 相增加,ε 相减少。

5. 电压和电流密度

等离子渗氮过程不同阶段采用不同的辉光电压,主要分为起辉电压、加热电压和保温电压。等离子氮化时,首先要点燃气体,产生辉光放电,此时的电压即为起辉电压。起辉电压相对较小,随气体成分而异,氨气的起辉电压为 400 V,空气为 330 V。产生辉光放电后即进入加热阶段,通常将工件加热到 500 ~ 570 ℃,此阶段的电压必须处于异常辉光放电区,一般为 550 ~ 750 V。加热电压太小则加热温度过低,加热电压太高则工件会产生打弧现象。保温阶段为了使工件各处温度均匀,防止局部过热,电压略低于加热阶段,为 550 ~ 650 V。

等离子渗氮时电流密度的大小影响工件的渗氮温度,常用电流密度为 $0.2 \sim 5 \ \text{mA/cm}^2$。当电流密度为 $0.2 \ \text{mA/cm}^2$ 时,通常需要设备有相应的辅助热源,将工件加热到设定的渗氮温度。如果电流密度为 $5 \ \text{mA/cm}^2$ 时,则不需要相应的辅助热源。在渗氮的不同阶段,电流密度也是不同的。在升温阶段,电流密度大一些,这样可以加速升温;在保温阶段,电流密度可以相应减小。

5.1.4　等离子渗氮设备

等离子渗氮炉的分类方法较多,主要有以下几种:

按炉体结构分为工件吊挂的井式炉、工件堆放的钟罩式炉、工件既可吊挂又可堆放的综合式炉和侧面进出料的卧式炉。

按控制方式分为采用手动控制工作气体流量、抽气速率、炉压、工作过程等参数和流程的普通型炉和采用工控机或微机控制工艺流程和参数的自动型炉。

按辉光放电电源种类分为直流调压电源和直流脉冲电源两种炉型,进一步划分,前者分为恒电压控制型和恒电流控制型,后者又分为斩波控制型和逆变控制型。

等离子渗氮炉的发展趋势是使用微机控制的自动炉型,电源的选择上倾向脉冲电源。脉冲电源是指提供的电压、电流是具有一定周期的近似方波的脉冲,工作频率固定,而脉冲宽度可调。根据不同工件,可适当调整脉冲宽度,以达到清洗工件及保护工件表面的作用。

等离子渗氮设备由炉体、真空系统、渗氮介质供给及控制系统、电力控制系统和温度测量及控制系统等组成,图 5.5 是等离子渗氮装置的示意图。图 5.6 是最常见的钟罩式直流等离子渗氮炉。

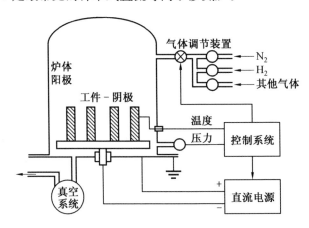

图 5.5　等离子渗氮装置示意图

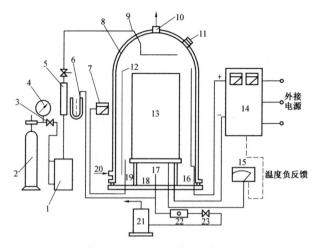

图 5.6 钟罩式直流等离子渗氮炉

1—干燥箱;2—气瓶;3—阀;4—压力表;5—流量计;6—U 形真空计;7—真空计;8—钟罩;9—进气管;10—出水管;11—观察孔;12—阳极;13—工件;14—等离子电源;15—温度表;16—阴极;17—热电偶;18—抽气管;19—真空规管;20—进水管;21—真空泵;22,23—阀

5.1.5 等离子渗氮优缺点

1. 等离子渗氮优点

与气体渗氮相比,等离子渗氮具有许多优点。

(1)渗氮速度快

等离子体不仅供氮能力强,而且可使工件表面活化,产生加速吸收和扩散的缺陷,因而等离子渗氮可以大大缩短渗氮时间,特别是浅层渗氮时更为突出。例如渗氮层深度为 0.3 ~ 0.5 mm 时,等离子渗氮的时间仅为普通气体渗氮时间的 1/3 ~ 1/5。

(2)渗层组织易于控制

气体渗氮工件表面会出现 20 μm 以上的化合物层,该化合物层是 ε+γ′ 两相组成的不均匀混合物层。在化合物层内产生三向应力,若再略施加外力,就会产生微小裂纹,裂纹逐渐扩展最终导致整个化合物层剥落。另外,含铬、铝渗氮钢的化合物层很脆,气体渗氮后要把脆性化合物层磨去才能使用。等离子渗氮可以通过控制气氛中的氮碳含量比,或 N_2 和 H_2 的比例,获得 5 ~ 30 μm 厚的脆性较小的 ε 相单相层或 0 ~ 8 μm 厚的 γ′ 单相层,也可得到韧性更优仅有扩散层无化合物层的渗氮层,这样可以不需要磨削直接装机使用。

（3）工件变形小

因等离子渗氮渗速快，所以渗氮时间大大缩短，又由于等离子渗氮可以在更低的温度下进行（事实上350℃以上等离子渗氮就有明显的硬化效果），并且阴极溅射作用可以弥补部分由于渗氮而造成的尺寸膨胀，真空加热、真空冷却可以控制加热速度，使之均匀，所以变形量比气体渗氮要小。

（4）节能、省气

等离子渗氮时，由于采用辉光放电加热工件，电能利用率高，与其他渗氮法的外热式装置相比，耗电较少。此外，因等离子渗氮速度快，周期短，则必然比普通气体氮化能耗低。据统计，电能消耗仅为气体渗氮的40%～70%。等离子渗氮是在66.5～798 Pa低气压下进行的，等离子渗氮的气压只相当于普通气体渗氮的1%以下，因此耗气量极少，仅为气体渗氮的百分之几。

（5）无毒、无公害

气体渗氮、盐浴渗氮均有污染问题，而等离子渗氮可以用 N_2+H_2，分解氨，无污染问题。即使采用氨气进行等离子渗氮，由于压力很低，使用量极少，也不会产生公害及爆炸问题。

除上述优点之外，等离子渗氮还具有渗层性能（耐磨性、耐蚀性等）优于气体渗氮，设备维护费用低，使用寿命长，工作劳动强度小的特点。

2. 等离子渗氮缺点

等离子渗氮也有不足之处，主要有：

①等离子渗氮设备相对比较复杂，一次性的设备投资通常比气体渗氮高。

②先进的工艺装备对劳动者的素质要求较高。

③准确测定零件温度较困难。

④等离子渗氮的温度场是不均匀的温度场，要使所装各工件（尤其是混装）温度均匀一致较困难，需积累一定的经验。

5.1.6 等离子渗氮新进展

等离子渗氮在批量处理形状简单的工件时是非常有效的，但也有很多固有的缺点，如很难保持形状复杂工件处理时的温度均匀性；此外等离子体直接产生在工件上容易引起打弧、边缘效应、空心阴极效应（见图5.7）、电场效应、温度测量和电源保护等问题，这些都阻碍了等离子渗氮技术的推广应用。

近年来出现了一些新的等离子渗氮技术，如活性屏等离子渗氮、等离子源等离子渗氮、离子注入等离子渗氮等，其中活性屏等离子渗氮技术和等离子源等离子渗氮技术有着明显的设备和工艺优势，可能成为等离子渗氮技术的发展方向。

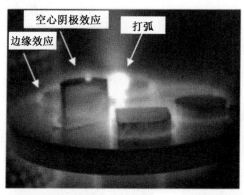

图5.7　直流等离子渗氮时的边缘效应、空心阴极效应和打弧现象

1.活性屏等离子渗氮技术

引起直流等离子渗氮打弧、边缘效应、空心阴极效应的原因为工件本身是等离子系统中的一个必要组成部分。等离子体产生在工件表面附近，其中带正电荷的离子加速轰击工件表面。如果等离子的产生能独立于工件之外，则直流等离子渗氮的各种缺点可望克服。1999 年，卢森堡的 Georges J 发明了活性屏（Active Screen）等离子渗氮，简称 AS 等离子渗氮技术。图5.8 为普通直流等离子渗氮和活性屏等离子渗氮设备示意图。普通直流等离子渗氮炉的炉体是阳极，工件是阴极，而活性屏等离子渗氮设备则比普通等离子渗氮设备多一个金属屏，金属屏是由不锈钢丝结成的网状结构。活性屏等离子渗氮时炉体为阳极，金属屏为阴极，工件处于浮动电位或接较小功率的直流负偏压，置于金属屏内部悬浮。其原理是将高压电源的负极接在真空室内金属屏上，被处理的工件置于金属屏内，当金属屏接通高压电源后，低压反应室内的气体被电离。在电场的作用下，被激活的气体离子轰击金属屏，使金属屏升温。同时，在离子轰击下不断有铁或铁的氮化物微粒被溅射出来，以微粒的形式沉积到工件表面，微粒中的氮向工件内部扩散，达到渗氮的目的。在活性屏等离子渗氮过程中，金属屏同时起到两个作用：一是通过辐射将工件加热到渗氮处理所需的温度；二是向工件表面提供铁或铁的氮化物微粒。图5.9 是活性屏等离子渗氮设备，右下角是金属活性屏的放大图。

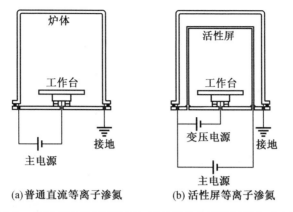

(a)普通直流等离子渗氮   (b)活性屏等离子渗氮

图 5.8 普通直流等离子渗氮和活性屏等离子渗氮设备示意图

图 5.9 活性屏等离子渗氮设备

活性屏等离子渗氮技术的特点是:在渗氮过程中,工件处于悬浮状态,离子轰击金属屏而不是工件本身。与常规等离子渗氮相比,该技术可以处理不同形状的工件,并能消除边缘效应以及空心阴极效应,还能方便地测量工件的温度等。对奥氏体不锈钢进行了活性屏等离子渗氮的结果表明:采用活性屏技术进行渗氮,可以得到与常规等离子渗氮相同的效果。当渗氮温度较低时,在不锈钢表面得到一层氮过饱和膨胀奥氏体(s相),与未处理的不锈钢相比,耐磨性显著提高,腐蚀更均匀。

2. 等离子源等离子渗氮技术

与活性屏等离子渗氮一样,等离子源等离子渗氮也是将等离子体的产生与工件独立,不同的是该技术是在更低气压下进行,在炉内单独配置的一个等离子体发生器，离化含氮气体进行渗氮。等离子源有以下四种结构类型：空心阴极等离子弧源、热灯丝放电等离子源、射频等离子源、电子束源。

（1）空心阴极等离子弧源等离子渗氮技术

如图5.10所示，在空心阴极等离子弧源等离子渗氮中，炉体接阳极，基片接阴极，等离子弧源安放在真空室的一侧，通过空心阴极放电，等离子电弧在离化室中产生，低能电子束引入真空室中使反应气体分解、离化，在电场作用下离子轰击工件达到渗氮效果。与直流等离子渗氮相比，等离子的产生依赖于等离子弧源而不是依赖于工件，因此可以降低工件表面的打弧现象以及边缘效应，从而使工件表面温度更加均匀。与等离子浸没离子注入及射频等离子渗氮相比，其渗氮效率快，表面的氮含量高。

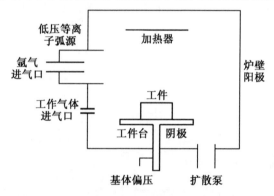

图5.10 空心阴极等离子弧源等离子渗氮设备示意图

（2）热灯丝放电等离子源等离子渗氮技术

热灯丝放电等离子源系统由热灯丝电源、阳极、对阴极以及灯丝组成，如图5.11所示。

当氮／氢气体通入真空室中后，热灯丝电源接通，在阳极与对阴极之间产生电场，在灯丝提供电子的作用下使气体电离，正离子在基底与对阴极电场的作用下向工件移动，并轰击工件，完成渗氮过程。

热灯丝放电等离子源等离子渗氮的特点是：氮、氢离子对工件的轰击是独立的；即使是复杂工件渗层也是均匀的；在较高真空度下完成渗氮过程，节省渗氮气体；等离子不是在工件表面直接产生，因此不会产生打弧现象而导致温度不均匀；表面氮浓度高，渗氮快，设备简单，工艺易控制。

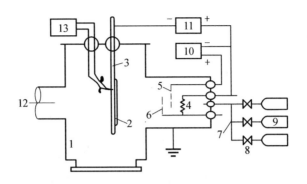

图 5.11 热灯丝放电等离子源等离子渗氮装置示意图

1—真空容器;2—样品;3—样品台;4—灯丝;5—阳极;6—对阴极;7—气路;
8—针阀;9—气瓶;10—PIG 电源;11—偏压电源;12—真空泵;13—控制器

(3)射频等离子源等离子渗氮技术

图 5.12 为射频等离子源设备示意图。当真空室中通入反应气体后,天线作用使气体电离扩散到整个真空室中从而完成渗氮过程。工件可以接地、悬浮或者接负偏压。

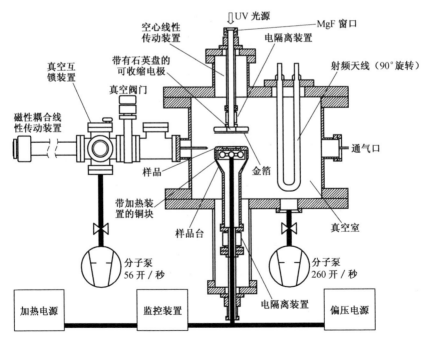

图 5.12 射频等离子源等离子渗氮设备示意图

射频等离子源的特点是:可以在较低的真空下进行工作,降低了通气量。等离子的产生依赖于一根射频天线,而不是通过工件本身,因此使表面粗糙度降低,并且消除了打弧现象和边缘效应,工艺过程稳定。工件被等离子体全部包围,因此适合于形状复杂的工件,并提高了能量的利用率。

(4)电子束源等离子渗氮技术

电子束等离子渗氮原理就是利用一个阴极的电子发生源产生一束电子束,电子束使空间的反应气体电离,在基底偏压的作用下,轰击工件完成渗氮过程。电子束等离子体系统进行等离子渗氮的优点是其对氮原子的激活能要比常规奥氏体不锈钢等离子渗氮中氮扩散所需的激活能低,这意味着电子束产生的等离子体具有更充裕的活性氮;同时氮的有效扩散系数为5.7 cm^2/s,与不锈钢在高温下等离子渗氮的扩散系数相近。

3. 离子注入等离子渗氮

(1)等离子浸没离子注入(PIII)渗氮

等离子浸没离子注入技术是为了克服传统离子束离子注入技术对三维物体很难得到均匀的注入层这一缺点而发展起来的。近期的研究结果表明除了实现工程零件的均匀离子注入这一功能外,PIII 技术也可以用来进行渗氮处理。尽管设备昂贵,使用范围很小,但 PIII 技术渗氮却有其他渗氮技术无法比拟的优点。

PIII 渗氮是在真空容器中进行,其工作原理如图 5.13 所示,工作室内充以低压的氮气,用射频电源或用加热灯丝在真空室中产生辉光放电使工件处于等离子体包围之中。当在工件上施加一个高达 50 ~ 100 kV 的脉冲负电压时,等离子中的氮离子获得足够高的能量注入到工件表面,在离表面约0.1 μm的深度内形成一个富氮层。高能离子的轰击使工件表面温度升高,使注入到表层或吸附于表面的氮离子向工件内部扩散,形成渗氮层。

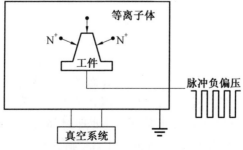

图 5.13　等离子浸没离子注入渗氮设备示意图

等离子浸没离子注入渗氮技术是在最近 10 年间发展起来的，与气体渗氮的物理吸附机理和普通等离子渗氮的沉积-溅射机理不同的是，PIII 渗氮过程离子注入和扩散处理两种机制都有，因此 PIII 渗氮所需处理温度更低，在 200～300 ℃就可以提高表面硬度。这也使得 PIII 渗氮技术更适合一些要求变形小、尺寸稳定性高和表面粗糙度低的精密零件。

（2）微波等离子源等离子渗氮技术

微波等离子源等离子渗氮技术是一种全新的等离子体低能离子注入技术，其设备示意图如图 5.14 所示。这项技术将低能离子束注入技术引入 PIII 技术中。利用低能离子注入的"低能"以及等离子体离子注入的"全方位"优势，并采用高密度、高电子温度和高离化率的等离子，结合脉冲负偏压和辅助外加热方式，通过 0.4～3 keV 的低能离子注入结合同步扩散传质，实现在 200～300 ℃超低温度下，高传质效率的各种零部件的表面处理。

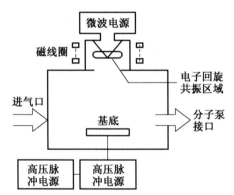

图 5.14　微波等离子源等离子渗氮设备示意图

5.2　等离子渗碳

渗碳是一门古老的表面热处理技术，直到目前仍是提供钢铁表面硬度、耐磨性和疲劳强度的主要表面热处理方法。传统的气体渗碳存在着因工件晶界氧化物而形成渗碳异常层，使表面硬度和疲劳强度下降，渗碳速度慢，处理时间长，能源消耗大，难以实现高浓度渗碳和深层渗碳等缺点。而真空渗碳虽然可以改善表面质量，但处理时间长，处理温度高。1978年，美国通用汽车公司的 Grube 等人利用真空辉光放电原理进行等离子渗碳试验。研究表明，在相同温度下，等离子渗碳的速度要比真空渗碳速度快得多。随后,Staines 等人对纯铁的等离子渗碳进行研究表明,等离子渗碳技术不仅可以实现快速渗碳,还可以进行高浓度渗碳。80 年代,等离子渗碳技术在设备研制、加入方式、处理气体选择等方面都取得了长足发展,并达到了实际应用水平。1987 年等离子渗碳汽车用齿联轴节投入应用。进入 90 年代,等离子渗碳的应用领域进一步扩大,不但汽车、飞机用齿轮及船用大型传动齿轮上有应用,而且在锻造用工模具上也得到了应用,其处理材料也由一般的低合金钢发展到高合金钢。

5.2.1 等离子渗碳原理

等离子渗碳与等离子渗氮原理类似。在低压含碳气氛中,以炉体为阳极,以工件为阴极,在两极之间施加以直流电压,工件周围的空间产生辉光放电并使渗碳气体裂解形成活性碳原子或碳离子。以渗碳气体丙烷为例,在等离子渗碳中,其反应过程如下:

$$C_3H_8 \xrightarrow{\text{辉光放电 900} \sim 1\,000\ ℃} [\,C\,]+C_2H_6+H_2$$

$$C_2H_6 \xrightarrow{\text{辉光放电 900} \sim 1\,000\ ℃} [\,C\,]+CH_4+H_2$$

$$CH_4 \xrightarrow{\text{辉光放电 900} \sim 1\,000\ ℃} [\,C\,]+2H_2$$

生成的碳原子在离子气氛下被电离成碳离子,带正电荷的碳离子在高压电场的作用下轰击阴极并吸附于工件表面。碳离子在工件表面得到电子,形成活性碳原子,进而被奥氏体吸收或形成金属碳化物,甚至直接注入奥氏体晶格中,形成渗碳层。因为渗碳必须在奥氏体温度下进行,所以渗碳温度比渗氮温度高。

5.2.2 等离子渗碳组织

等离子渗碳组织和普通气体渗碳组织一样,低碳钢渗碳炉冷到室温后,由表面到心部的组织依次为过共析层、共析层、亚共析层和心部组织。淬火后渗层内转变成高碳马氏体并含有一定量的残留奥氏体,其中马氏体的碳含量随渗层深度增加而降低。心部组织取决于淬火速度和钢的淬透性。由于等离子渗碳是在真空低压下进行的,晶界氧化倾向低。所以在渗层深度和表明碳浓度相同的条件下,等离子渗碳工件的力学性能特别是疲劳性能优于气体渗碳。

5.2.3 等离子渗碳工艺参数

1. 渗碳温度

等离子渗碳的温度比等离子渗氮的温度高,在 $A_1 \sim 1050\ ℃$ 均可进行渗氮。随着温度的升高,碳在奥氏体中的扩散速度变快,渗碳层厚度增加,图 5.15 是奥氏体不锈钢等离子渗碳时渗碳温度对渗碳层厚度的影响。一般渗碳件的常用渗碳温度是 $900 \sim 960\ ℃$。对变形要求较高的精密件,在 $A_1 \sim 870\ ℃$ 进行低温等离子渗碳。

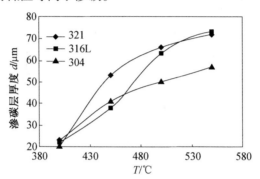

图 5.15　渗碳温度对渗碳层厚度的影响

2. 渗碳时间

由于渗层的深度受扩散控制,所以等离子渗碳层的深度随渗碳时间的延长而增加,基本符合抛物线定律。

表 5.1 为渗碳温度、渗碳时间对渗碳层厚度的影响。

表 5.1　渗碳温度、渗碳时间对渗碳层厚度的影响 mm

材料	900 ℃				1 000 ℃				1 050 ℃			
	0.5 h	1.0 h	2.0 h	4.0 h	0.5 h	1.0 h	2.0 h	4.0 h	0.5 h	1.0 h	2.0 h	4.0 h
20 钢	0.40	0.60	0.91	1.11	0.55	0.69	1.01	1.61	0.75	0.91	1.43	—
20Cr	0.55	0.83	1.11	1.76	0.84	0.98	1.37	1.99	0.94	1.24	1.82	2.73
20CrMnTi	0.69	0.99	1.26	—	0.95	1.08	1.56	2.15	1.04	1.37	2.08	2.86

3. 强渗和扩散时间之比

等离子渗碳时,工件表面有较高的碳浓度,在生产中可以采用强渗与扩散交替进行的脉冲方式控制。经验表明强渗与扩散时间比(渗扩比)为

2∶1时,渗碳层最厚。渗扩比过高,工件表面易形成块状碳化物,阻碍了碳原子进一步向内扩散,渗碳层总深度下降;渗扩比过小,表面供碳能力不足,造成渗碳浓度降低,活性碳原子的数量少,并影响到性能及表面组织;渗扩比较合理时,工件可得到较理想的渗层组织,表面的碳化物呈弥散分布,并保证了渗层厚度。对于渗层较厚的渗碳件,扩散时间所占的比例可适当增加。

4. 渗碳介质

等离子渗碳的供碳剂主要采用甲烷和丙烷,以氢气或氮气稀释,渗碳剂与稀释气体之比为1∶10。氢气具有较强的还原性,能迅速洁净工件表面,促进渗碳过程,对清除表面炭黑也较为有利,但使用时一定注意安全。

5. 炉内气压

等离子渗碳气压通常为133.3~2 666 Pa,气压过低,供碳能力不足;气压过高,则辉光稳定性变差,容易产生炭黑和弧光放电。

6. 辉光放电电压与电流密度

辉光放电电压和电流密度加大会提高工件的温度。因等离子渗碳的温度较高,没有辅助加热设备的等离子渗碳炉,辉光放电电压和电流密度的值较大。而对于有辅助加热装置的设备,辉光放电只是提供加速气体分解与电离及表面反应的能量,所以电压和电流密度值可适当减小,通常电流密度为0.2~2.6 mA/cm^2。辉光放电电压为500~700 V。

5.2.4 等离子渗碳设备

等离子渗碳的温度比等离子渗氮温度高。单纯采用辉光放电加热工件所需电流很大,处理过程中极易转变为弧光放电而无法正常工作,因而一般等离子渗碳炉都具有辉光放电和电阻加热两套电源。工件升温和保温的热量主要由电阻加热提供,而辉光电源提供等离子渗碳过程中形成等离子体的能量。在渗碳后,一般采取淬火工艺,因此等离子渗碳设备常设计成加热室和淬火室分开的双真空室。

等离子渗碳炉的发展与普及远不及等离子渗氮炉快,然而,等离子渗碳处理在渗碳均匀性和无晶界腐蚀特性上却引人注目。1982年,英国电力协会的 Capenhurst 实验室设计制造了一套等离子渗碳实验装置,该装置由水冷真空室、气氛控制系统和分别用于辉光放电与加热的高、低压电源组成。

国内在等离子渗碳设备研制方面的发展也很快。1987年,以武汉材料保护研究所为主,在广东真空设备厂的协助下,研制成功了"ZLSC-30/

20Z 型真空等离子渗碳淬火炉"。该设备详细情况如图 5.16 所示,为卧式双室结构,具有真空加热、淬火及等离子化学热处理等多种功能,加热室中配置电阻和辉光放电两套加热装置,电阻元件采用石墨棒。最高工作温度为 1 320 ℃,最大装炉量 60 kg,并配备了功能齐全的微机控制系统。2005年,武汉等离子体技术研究所研制成功 HF120 真空渗碳炉设备,该设备加热室、过渡室、油淬室采用立式结构,同时该设备具有节能、无公害、多功能处理等优点。总的来讲,在等离子热处理设备领域,我国已经跻身于国际先进水平。

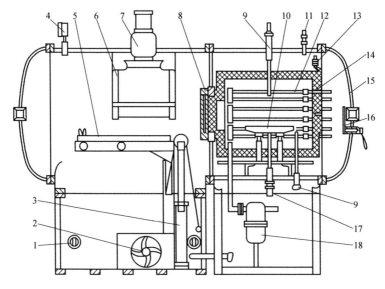

图 5.16　ZLSC 系列等离子渗碳炉结构示意图

1—油加热器;2—油搅拌器;3—升降液压缸;4—压力计;5—送料小车;
6—导流板;7—气冷风扇;8—中间密封门;9—热电偶;10—工件料架;
11—真空规管;12—加热体;13—进气管;14—保温层;15—水冷炉壁;
16—观察窗挡板;17—阴极;18—废气过滤器

5.2.5　等离子渗碳优缺点

(1)提高渗碳率,缩短渗碳时间

由于溅射效应,等离子渗碳时工件表面形成一定浓度的位错,为表面迅速形成的高碳区的碳原子提供快速扩散的通道。氢气在离子轰击时对工件表面进行清洗,使工件表面始终处于活性状态,迅速建立高的碳势,加速扩散速度。因此等离子渗碳速度可以比气体渗碳速度提高 35% 甚至几倍。图 5.17 是 AISI8620 钢分别在气体、真空和等离子里渗碳的碳浓度分布,在相同的温度和时间下,等离子渗碳效率是气体渗碳效率的 2 倍左右。

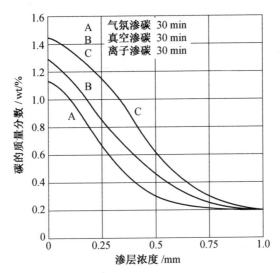

图 5.17　AISI8620 钢分别在气体、真空和等离子里渗碳的碳浓度分布
（渗碳温度 980 ℃,渗碳时间 30 min,渗后直接油淬）

（2）渗层均匀性好

对于形状复杂的工件进行气体渗碳和真空渗碳时,常常要考虑渗层的均匀性问题,如工件的尖角处和齿轮的齿尖。采用等离子渗碳时,离子化气体和带正电荷的工件之间的静电引力,以及适当的气体压力解决了渗层均匀性问题。辉光层紧密地附着在零件外表面,结果是足够的高能离子均匀地轰击工件较隐蔽的部位和暴露在外面的部分。图 5.18 是带有深槽的零件进行等离子渗碳和真空渗碳的对比结果,可以看到等离子渗碳的渗层均匀性要比真空渗碳的渗层均匀性好。

（3）可增加盲孔渗入深度

等离子渗碳提高了盲孔渗入深度。如图 5.19 所示,等离子渗碳达到最大渗碳深度 0.635 mm 时,盲孔长径比 L/D 可达 12,而气氛渗碳和真空渗碳的 L/D 值分别是 9 和 7。可见相同条件下,等离子渗碳可增加盲孔渗入深度。

（4）对工件化学成分不敏感,可对奥氏体不锈钢进行渗碳

奥氏体不锈钢的低硬度和摩擦性能限制了它的广泛应用,若用气体或真空等离子渗碳,可以提高奥氏体不锈钢的表面硬度和耐磨性,却丧失了

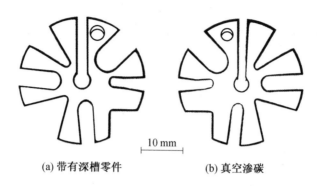

(a) 带有深槽零件   (b) 真空渗碳

图 5.18　带有深槽零件等离子渗碳和真空渗碳渗层的均匀性对比

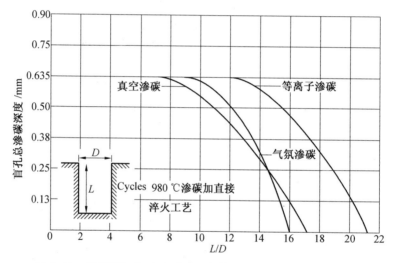

图 5.19　等离子渗碳、真空渗碳和气体渗碳可渗入盲孔深度对比

耐蚀性。低温等离子渗碳,则可以在不锈钢表面产生单一的 s 相,在不降低不锈钢耐蚀性的基础上提高其耐磨性。

(5)晶界无氧化物

气体渗碳时,晶界经常会产生 0.05～0.12 mm 的氧化层,该氧化层会降低工件抗疲劳载荷的能力,等离子渗碳及随后的淬火均在真空下进行,所以晶界无氧化物生产,零件的抗疲劳性能较气体渗碳高。

(6)无污染

与等离子渗氮一样,由于等离子渗碳时压力低,气体用量极少,对比气体渗碳方法,等离子渗碳有利于环境保护。

5.3 等离子渗氮碳

氮碳同时渗入金属表面并以渗氮为主、渗碳为辅的化学热处理,称为氮碳共渗。

有两种典型的氮碳共渗工艺:铁素体氮碳共渗和奥氏体氮碳共渗。当氮碳共渗温度低于 Fe-N 的共析温度 590 ℃时,工件的心部及扩散层均处于铁素体状态,这种工艺是铁素体氮碳共渗,俗称软氮化。当氮碳共渗温度高于 Fe-N 的共析温度而低于 Fe-C 共析温度时,称奥氏体氮碳共渗。

等离子氮碳共渗是在等离子渗氮的基础上加入含碳介质(乙醇、丙酮、二氧化碳、甲烷、丙烷等)进行的,所用设备为等离子渗氮炉,工艺参数也和等离子渗氮相同。

5.3.1 等离子渗氮碳原理

等离子氮碳共渗与其他化学热处理一样,由气氛形成、吸附、分解、吸收、扩散 5 个基本过程组成。在共渗温度下,含有氮碳的等离子气氛中活性氮、碳原子被工件表面吸收并向工件内扩散。由于碳在 α-Fe 中的溶解度比氮小,所以碳在工件的表面先达到饱和,形成细小的碳化物,这些碳化物作为媒介可以促进氮化物的形成和氮的渗入。由表及里依次形成 ε 和 γ' 化合物层及扩散层。ε 相的溶碳能力很强,它的存在给碳原子渗入创造了条件。由此可见,渗碳和渗氮相互促进,二者互为渗剂。

5.3.2 等离子渗氮碳组织

铁素体氮碳共渗的温度约为 570 ℃,渗层组织为表面以 ε-Fe_{2-3}(N,C)为主的化合物层加以氮为主的扩散层。化合物层使钢的抗擦伤、抗咬合及耐磨性得到提高,扩散层则提高零件的承载能力和疲劳性能。奥氏体渗氮碳的温度约 700 ℃,渗层组织由 ε-Fe_{2-3}(N,C)为主的化合物层、富氮碳奥氏体层和扩散层组成。快冷后,富氮碳奥氏体层转变成马氏体或贝氏体。相比铁素体氮碳共渗,奥氏体渗氮碳后零件的承载能力更好。

5.3.3 等离子渗氮碳工艺参数

等离子氮碳共渗工艺基本上和等离子渗氮相同。不同的是在保温阶段引入含碳气体,含碳气体不允许加入过早,在低温阶段加入含碳气体,容易在阴极上生成炭黑,引起打弧。本节重点介绍等离子氮碳共渗气体成分对渗层组织性能的影响。

等离子氮碳共渗气氛中共有氮、氢和碳三种元素。氮的含量最高,体积分数可以达到 80% ~ 90%。氮含量少时,化合物层由 γ' 和 ε 相组成,且 γ' 相含量较高。随着氮含量的增加,ε 相增加而 γ' 相含量减少。为了得到单一的 ε 相,氮的含量一定保持在较高水平。氢的含量通常大于 10%,如果氢气的比例太低,则很难形成化合物层。这是因为氢离子质量小,在电场里很容易获得较大的动能,高能氢离子可以加速活性碳氮原子的产生,加速活性碳氮原子转移到工件表面。一般氢的含量为 10% ~ 20%。碳是形成化合物层的必要元素。碳的加入抑制了 γ' 相的形成,有利于得到单一的 ε 相,但过多的碳则会生成 Fe_3C,因此碳的含量需严格控制,通常小于 10%,有时甚至低于 1%。

5.4　等离子渗金属

除了非金属元素 N,C,B,S 外,金属元素 Al,Cr,Nb,Cu,Ti,Zn 也可以用来渗入钢铁工件的表面形成表面合金化层。渗入的金属元素和基体反应形成与基体结合强度高的金属间化合物或碳化物等新相,可以提高表面的抗高温氧化和热腐蚀等性能。传统的渗金属一般在固相、液相或气相中进行,形成的渗层质量重复性差,对环境污染严重。等离子渗金属是将待渗金属在低真空中电离成金属离子并在电场的加速下轰击工件表面并渗入基体。等离子渗金属由于阴极溅射效应,为渗入元素原子或离子的吸附与扩散渗入创造一个活化的表面。高能粒子的轰击,使金属表面产生高密度位错等晶体缺陷,有助于渗入元素的扩散,提高扩散速度,大幅降低扩散温度。20 世纪 80 年代后期等离子渗金属得到迅速发展,有辉光等离子渗金属、双层辉光等离子渗金属、多弧等离子渗金属、加弧辉光等离子渗金属、交变电场真空等离子渗金属和脉冲辉光放电等离子渗金属等方法。

本节重点介绍双层辉光等离子渗金属。双层辉光等离子渗金属技术是我国学者徐重发明的一项具有自主知识产权的表面冶金新技术,在国际上被称为"徐氏合金化法"。

5.4.1　双层辉光等离子渗金属原理

双层辉光等离子渗金属技术是在等离子渗氮的基础上发展起来的等离子表面冶金技术,其原理如图 5.20 所示。在等离子氮化炉中增加一个由待渗金属元素构成的源极,在阴极与阳极之间以及阳极与源极之间各加一个可调偏压电压。作为工作气体的氩气在适当的真空度及电场中电离并在工件及源极表面形成双层辉光现象。氩离子轰击工件表面使其温度升高到1 000 ℃左右,同时氩离子轰击源极,使待渗金属原子溅射出来并电离成离子,加速并轰击工件表面,最后被表面所吸附并扩散进入工件形成渗层金属。可以实现单元素渗和多元共渗,渗层厚度可达几百微米。

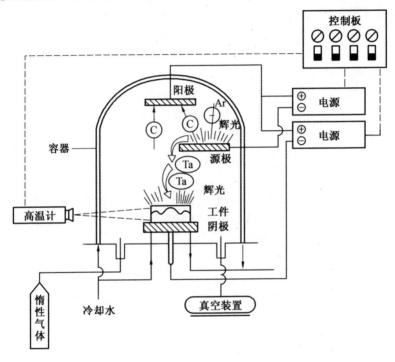

图5.20　双层辉光等离子渗金属基本原理图

5.4.2　双层辉光等离子渗金属组织

双层辉光等离子渗金属在基体金属材料表面由沉积层和扩散层组成渗层,渗层的具体组织成分取决于待渗金属和基体金属的相图。沉积层中待渗金属元素总量最高可达90%以上。沉积层的厚度可以通过调整等离子渗金属的工艺参数进行调整。如果希望形成较厚的沉积层,可适当提高源极电压或降低工件电压,使工件表面合金元素的供给速度大于向基体内部扩散的速度,以促进沉积层的形成。

5.4.3　双层辉光等离子渗金属工艺参数

（1）工作气压

工作气压的主要作用是提供一定量的轰击离子并维持正常的辉光放电。气压对辉光放电电压和电流密度、源极溅射量、活性原子的空间输运、活性原子在基体表面的吸附与扩散等均产生影响。气压的综合作用最终将导致源极的供给能力和工件的吸收能力发生变化,进而影响合金渗层的形成。大量研究表明,气压太高或太低都不利于最佳渗层的形成,工作气压一般为 20～60 Pa。工作气压的大小可以通过气体流量计控制。

（2）源极电压

源极电压的主要作用在于控制源极表面的离子轰击能量和密度,进而控制源极的合金元素供给量。源极电压越高,源极表面的离子轰击能量和离子轰击密度越大,合金元素供给量越大。源极电压也有一最佳范围,太高或太低,都不利于渗金属。源极电压一般为 700～1 200 V。

（3）源极电流

源极电流表示离子对源极表面的轰击密度。离子对源极表面的轰击密度越大,提供的合金原子越多。源极电流一般受工作气压、工件电压及源极电压的影响,不能单独控制。

（4）工件电压

工件电压的主要作用在于通过离子对工件表面的轰击作用,加热工件使其达到渗金属温度。工件电压越高,离子对工件表面的轰击能量越高,工件表面温度越高。离子对工件表面的轰击作用还可以起到活化净化工件表面的作用,有利于工件表面对合金元素的吸附。双层辉光等离子渗金属的工件电压一般为 300～600 V。

（5）工件电流

工件电流表示离子对工件表面的轰击密度。工件电流越大,离子对工件表面的轰击密度越大。同源极电流一样,工件电流也受工作气体、工件电压及源极电压的影响,不能单独控制。工作气压、工件电压及源极电压对工件电流与源极电流的影响规律相同。

（6）工件与源极的距离

若采用空心阴极放电模式,极间距的大小首先要保证空心阴极效应的形成。此外,极间距大小的选择还要考虑合金元素的空间运输。极间距过大,合金元素由源极到工件的空间输运过程中因碰撞次数增加而损失,不能形成高浓度合金渗层;极间距过小则会造成渗层成分和厚度不稳定。双层辉光等离子渗金属的极间距一般为 10 ~ 30 mm。

（7）渗金属温度

渗金属温度会影响渗层金属的成分和组织。该温度一般根据基体材料和渗入元素的相图进行确定,同时还要考虑温度对金属渗层的生长速度以及基体组织的影响。在保证合金渗层的成分及组织的前提条件下,渗金属温度越高,渗层生长速度越快。但温度过高容易造成基体粗大,脆性增加。通过调节工作气压、工件电压、源极电压均可调节工作温度。

（8）保温时间

保温时间根据所需的渗层厚度决定,渗层深度与保温时间符合抛物线规律,沉积层厚度与保温时间符合线性规律。

5.4.4　双层辉光等离子渗金属特点

1. 双层辉光等离子渗金属的优点

（1）渗速快

在双层辉光等离子渗金属过程中,等离子体向工件表面持续提供高浓度的待渗金属元素,阴极溅射效应为待渗元素原子和离子的吸附、渗入提供了一个活化表面,高能粒子的轰击使金属表面出现高密度位错区,导致预渗原子既沿着晶界扩渗又向晶内扩散,极大地提高了渗层的生长速度。

（2）渗层形成易于控制

通过设计源极成分和调整工艺参数,可以按要求控制渗入元素供给量和渗层组织结构,从而保证工件质量。

（3）渗层和基体的结合强度高

合金层主要依靠扩散方法形成,合金元素浓度从合金层到基体逐渐减少且为冶金结合,结合强度高,不易脱落,克服了各种表面镀膜技术存在的膜和基体结合强度弱的缺点。

（4）渗层厚度选择范围大

根据工艺和材料的不同,渗层厚度可在几微米到几百微米之间变化,可选择范围大。

（5）工件无需去钝处理

与等离子渗氮类似,渗金属时的阴极溅射效应可以去除工件表面的氧化膜,保持表面净化。而且渗金属时多在真空中进行,很难再形成氧化膜,所以表面不需要做去钝化膜的处理。

（6）渗材选择面广,节约合金元素

渗金属选择的范围非常广泛,几乎与基材有一定固溶度的导电材料都可以作为源极。因为只在表面进行合金化处理,可以大大降低合金元素的消耗量。

(7)无公害

无有毒有害物质排放,工作环境好。

2. 双层辉光等离子渗金属的缺点

(1)因为双层辉光等离子渗金属是高温热处理,会影响基体组织性能并产生工件变形;

(2)源极和工件必须为导电材料,限制了可渗元素的种类;

(3)合金元素的渗入浓度受合金在基体中的固溶度的限制。

5.4.5 双层辉光等离子渗金属设备

双层辉光等离子渗金属设备的类型主要有立式和卧式两种。立式渗金属设备适用于进行长轴类杆件或长度较直径大许多的零件进行表面合金化处理。这样可以方便地进行吊挂,减小工件变形。此外还可根据使用要求,设计成连续式渗金属设备和带淬火冷却系统装置的渗金属设备。

(1)辅助阴极

双层辉光等离子渗金属源极设计的基本原理是仿形原理。源极的形状和几何尺寸与工件基本相似,这样可使渗金属均匀性得以保证。所以对于形状比较规则的工件,其源极制备比较容易。但是对于形状比较复杂或不规则的零件,源极的制造和设计将显得十分重要,需要根据工件状况,加入辅助阴极,以保证渗金属的质量。辅助阴极的主要作用有保温、升温及均温,产生空心阴极效应,保证工件、源极处于较好的渗金属气氛之中,以利渗金属环境的生成和维持,促进工件和源极表面的活化。

(2)风冷系统

渗金属的过程是表面合金元素浓度的提高和向内部扩散形成合金层的过程。高温时金属元素在工件表面有较高的固溶度,但当渗金属结束时,如果冷却速度较慢,将会使得在高温固溶于基体中的合金元素沿晶界析出,形成金属间化合物。如果加快渗金属后的冷却速度,可以阻止或抑制部分金属间化合物的析出,得到成分分布较好的合金化层。此外还可以提高工作效率,节省冷却过程占用设备的时间,所以一般在大型渗金属设备中均加入风冷系统。由于渗金属温度比较高,在渗金属时除了工件之外还有多次重复使用的源极以及吊挂系统,如果冷却速度太快,可能会造成大的变形,给下一次渗金属工艺带来困难。一般控制从渗金属高温到 700 ℃时,其冷却速度快一些,以利抑制金属间化合物的析出;当低于

700 ℃时,合金元素的扩散速度已经很慢,几乎没有金属间化合物析出,故目前渗金属设备中,装炉量 400 kg/ 次(包括工装卡具),风冷时的气压为 600 ~ 700 Pa,风机功率为7.5 ~ 10 kW比较适宜。这样既可以使工件较快速度的冷却下来,又对源极结构和尺寸影响较小。

(3)阴极结构

阴极结构是双层辉光等离子渗金属设备中的关键件之一,包括工件和源极的支撑结构、导电结构、屏蔽结构和绝缘结构等。由于工件和源极处于高温和导电工作状态,距离又较近,如果设计不当,极易在工作时造成打弧、短路、变形等问题。阴极结构的设计一般掌握几个原则:

①将吊挂结构的辉光屏蔽部分放在温度较低的区域,防止结构中的绝缘部分因高温加热变形,产生间隙,引起打弧现象。

②阴极屏蔽结构中至少要有一对以上纵向和横向屏蔽结构的组合;屏蔽结构中,导电与不导电材料不要组合使用;屏蔽使用的金属材料最好采用强度高、变形小的不锈钢制造。

③要有可靠的导电及连接装置与合格的绝缘和隔热设计,在要求绝缘程度高的部位采用瓷管,要求绝缘不高的地方可采用云母或有机绝缘材料;将阴极结构的绝缘材料表面设计成凹槽的迷宫型,以避免沉积物量大时连成一片而产生短路。

④高温区材料最好选择石墨。

⑤分层放置的工件,一般以"龙门式"结构为好,每层之间阴极板上放置工件,源极采用"龙门式"的吊挂机构对于工件和源极材料不好布置的情况,可以采用等电位进行渗金属,但是要有合理的源极结构设计。

(4)源极布置

源极结构的设计、布置、安排主要与工件的外形几何尺寸、要求进行表面合金化的部位有关。一般的源极采用的几何形状是以工件的表面形状为依据,基本原则是以仿形为主。当工件为平板状时,源极宜采用平板状。当工件为圆形,源极宜采用小的条形拼接成圆形或几个弧形拼接成圆形。当工件为不规则的形状时,可以采用刷状或螺旋状。单件生产时,由于源极制备比较麻烦,所以可采用针状源极。当工件处理量大、不规则、源极的面积比较大以及布置和吊挂十分困难时,可以采用等电位工艺方法,即将源极与工件等电位放置。一般情况下,源极采用吊挂式的为好,尽量减小其面积,这样可以提高源极的电流密度。因为,双层辉光等离子渗金属时,从源极中将金属原子溅射出来是表面合金化的第一步,所以最好将源极的电流集中于与工件相对放置的源极表面,并且尽可能地提高源极的电流密度,因此源极的无用面积越小越好。一般情况下,源极的电流密度至少应该大于 3 mA/ cm^2。

总之,源极材料、结构、几何形状选择的基本原则是:仿形耐用、制备简单、吊挂方便、容易溅射。

（5）真空系统

双层辉光等离子渗金属设备在处理钢铁材料时,极限真空度可以低一些,一般在 5 Pa 左右;处理有色金属材料极限真空度必须高一些,一般在 10^{-3} Pa 以上。大型立式或卧式炉处理一般的钢铁材料时,采用的极限真空度在 5 Pa 左右。此时一般采用机械泵加罗茨泵及维持泵的两路抽真空系统;处理有色金属材料尤其是钛合金、镁合金、铝合金时,采用的极限真空度至少应该在 10^{-3} Pa,此时一般采用机械泵加扩散泵及维持泵的两路系统。如果是小型的实验用设备处理钢铁材料采用机械泵;处理有色金属材料采用机械泵加分子泵,可大大减少渗入时间。

（6）供气系统

双层辉光渗金属的供气系统中,一般采用两路供气系统。用质量流量计作定量计量。为了增加反应溅射率,也可采用三路或四路供气系统。

（7）外加热源

欲渗合金元素是将源极中的合金元素用离子轰击溅射出来的,需要较大的离子能量和一定的电流密度,这样使得源极发热严重,一般要比工件温度高几十到上百度,较高的源极温度也辐射到工件表面,同时提高工件的温度。为了提高溅射率,源极采用高电压和较大电流密度,加之工件也处于高温状态。为了保证源极溅射,且温度又不能超出工艺制定的温度范围,许多情况下只有牺牲部分热量,即使热量从隔热屏中散出去。所以从这个角度看,外加热源与源极溅射是相互矛盾的。近期的实验证明,双层辉光渗金属时,工件虽然处在 1 000 ℃ 以上的高温,而隔热屏的温度要低得多（仅为 500 ~ 600 ℃）,这样造成的温度梯度很大,渗金属的层深和成分分布极不均匀。当加上辅助阴极桶之后,温度均匀性大大提高。但是对于大型设备处理较大工件时,升温、保温和温度均匀性仍然是一个较大的问题。所以将隔热屏的层数减少至 2 ~ 3 层,并且加入外加热源,其功率占整个设备功率的 1/3 ~ 1/2,其余靠离子轰击加热。这样既保证温度的均匀性,又能保证源极的溅射量。

（8）隔热屏系统

隔热屏采用 2 ~ 3 层钼板加不锈钢的形式（厚度 0.2 ~ 0.5 mm）,钼板放在最里边,紧靠着的是外加热源的加热管。外加热源的加热管一般在升温时温度可能高一些，但是一般低于 1 000 ℃，钼板处最高温度也仅在 1 000 ℃左右。第一层不锈钢板的温度可能为 700～800 ℃，第二层不锈钢隔热层的温度为 500～600 ℃，第三层隔热屏温度约为 300 ℃。由试验结果可知，外加热源的升温最高 1 000 ℃，一般控制在 600～800 ℃。其余功率均由辉光加热提供。

（9）测温系统

近期研究表明，双层辉光等离子渗金属的测温采用热电偶进行直接测量，温度准确性大大提高。过去一直采用光电高温计进行测量。现在采用热电偶结合光电高温计测量的方法。在工件放置处，安置一个模拟试块，将经过屏蔽带有间隙保护的热电偶插入模拟块中。模拟块随着工件一块加热，并与工件处于同一温度场中，热电偶直接反映出工件的加热温度。采用WDL-31型光电高温计在设备外进行无接触间接测量。合理的模拟结构设计，使得热电偶的误差很小，尤其当工作时间较长时，热电偶测得的温度与工件的温度几乎相同。采用非接触光电高温计检测的温度，受到传媒介质、光路穿过的物质、物质的黑度系数、辉光、工件表面系数、观察孔玻璃材料、透明度等因素的影响，测量误差较大。一般这两个温度值相差 50 ℃左右。放置热电偶的模拟试块与工件的形状、位置、放电强度等因素有关，但是当其工作时长时间放置在一个较为均匀的辉光放电工作区，温度与工件误差就较小。

（10）水冷系统

双层辉光等离子渗金属设备的炉体和电极部分必须采用水冷却，水流量为 1～10 t/h。一般采用循环水系统，为了减小水池的容积，可以设置一冷却水塔，将水用水泵打到冷却塔上部，水由上到下流过散热片，水温很快降下来，起到较好地降温目的。小型渗金属设备可以采用室内冷却机或室内小型储水箱进行循环冷却。工业用大型设备由于用水量较大，循环水池的建立是必要的，形成封闭的循环系统，可以大大节约水资源。电极部分的冷却水主要是冷却密封圈部分和绝缘部分，因为密封圈是橡胶制作，耐温程度很低。绝缘部分的耐温程度也仅有几百度。此外，对于工作在高温的导电电极，也必须进行冷却。

（11）电源

双层辉光等离子渗金属的电源可以采用直流电源也可以采用脉冲电源。从理论上分析，工件阴极和源极均采用直流脉冲电源要好，原因主要是减少源极和工件的打弧现象。对于源极，要求电压高，电流也较大，又处于高温，极易产生打弧现象。采用脉冲电源可以有效地抑制和减少打弧。工件因为工作面积大，工作电压低，是低电压大电流工作状况，脉冲电源可以有效地抑制打弧实现渗金属。如果在升温过程中，尤其是在低温情况下，如果没有加入外加热源时，采用脉冲电源保证升温速度显得尤为重要。目前来看脉冲电源对于产生空心阴极效应，可能存在一定的影响，因为电压输出值是脉冲的，对于较强的空心阴极放电有抑制作用，可能影响轰击离子的能量，对源极溅射产生一定的影响。建议源极采用直流辉光溅射，阴极工件采用脉冲电源加热。

5.4.6 双层辉光等离子渗金属技术的发展

（1）单元素渗

双层辉光等离子渗金属技术首先是利用钨丝和钼丝作为源极材料进行单元素渗，此后还将采用 Ni,Cr,Al,Ti,Zr,Pt,Ta 等进行单元素渗。

（2）双元素共渗

除了单元素渗，双层辉光等离子渗金属技术还可以进行双元素共渗。如用 Ni-Cr 共渗提高低碳钢的耐蚀性，W-Mo 共渗提高工件表面的硬度、耐磨性和红硬性。

（3）多元素共渗

采用 Co55Cr25Ni5Mo5 粉末冶金板作为源极材料，在纯铁和低碳钢表面形成沉淀硬化不锈钢 Co24Cr13Ni4Mo4；采用 Co45W35Mo20 粉末冶金板作为源极，在低碳钢表面形成时效硬化高速钢 Co23W11Mo7；Ni-Cr-Mo-Cu 多元共渗在 20 钢基材表面形成高含量的 Ni-Cr-Mo-Cu 合金渗层。

（4）复合渗

复合渗是指等离子渗金属之后再进行渗碳或渗氮等化学热处理，主要是为提高表面硬度和耐磨性。例如等离子渗钨钼后再渗碳，等离子渗铝后再渗氮等。

参考文献

［1］唐殿福. 钢的化学热处理［M］. 沈阳:辽宁科学技术出版社,2009.

［2］宝森. 化学热处理技术［M］. 北京:化学工业出版社,2006.

［3］潘邻. 化学热处理应用技术［M］. 北京:机械工业出版社,2004.

［4］山中久彦. 离子渗氮［M］. 北京:机械工业出版社,1985.

［5］樊东篱. 中国材料科学大典第 15 卷［M］. 北京:化学工业出版社,2005.

［6］徐滨士. 中国材料科学大典第 16 卷［M］. 北京:化学工业出版社,
2005.

［7］龙发进. 离子渗氮新技术研究现状［J］. 材料热加工工艺,2007,36
(8):61-84.

［8］徐重. 等离子表面冶金学［M］. 北京:科学出版社,2008.

［9］徐晋勇. 等离子表面冶金［M］. 北京:知识产权出版社,2009.

［10］高原. 双层辉光离子渗金属设备［J］. 材料热加工工艺,2007,36
(6):78-81.

［11］CZERWIEEU T, RENEVIERL N, MICHEL H. Low-temperature plas-
ma - assisted nitriding［J］. Surface and Coatings Technology, 2000
(131): 267-277.

［12］CZERWIECA T, MICHELA H, BERGMANNB E. Low-pressure, high-
density plasma nitriding: mechanisms, technology and results［J］. Sur-
face and Coatings Technology, 1998(108 - 109): 182 - 190.

［13］GALLO S C. Active screen plsma surface engineering of austenitic stain-
less steel for enchanced tribological and corrosion properties. Ph. d. dis-
sertation［D］. The University of Birmingham, School of Metallurgy and
Materials College of Engineering and Physical Sciences , 2009.

［14］刘伟. 奥氏体不锈钢低温离子渗碳表面硬化处理设备及工艺研
究［D］. 硕士论文. 青岛科技大学材料科学与工程学院,2009.

［15］张艳梅. 双层辉光等离子表面冶金 W、Mo、Co 时效硬化高速钢［D］.
博士论文. 太原理工大学材料科学与工程学院,2004.

第6章 等离子体浸没离子注入与沉积

6.1 等离子体浸没离子注入原理

6.1.1 等离子体浸没离子注入原理

等离子体浸没离子注入与沉积(Plasma Immersion Ion Implantation & Doposition,PIII&D)是一类等离子体表面处理技术的统称。这一类技术的核心是等离子体浸没离子注入(Plasma Immersion Ion Implantation,PIII 或 PI^3)。

PIII 是由美国威斯康星大学的 J. R. Conrad 教授发明的,最初这种技术被称为等离子体源离子注入(Plasma Source Ion Implantation,PSII),而现在则更倾向于称为 PIII。PIII 还有很多不同的叫法,包括等离子体源离子注入、等离子体离子注入(Plasma Ion Implantation,PII 或 PI^2)、等离子体离子镀(Plasma Ion Plating,PIP)、等离子体掺杂(Plasma Doping,PLAD)、等离子体离子浸没处理(Plasma Ion Immersion Processing,PIIP)、等离子体基离子注入 (Plasma-Based Ion Implantation,PBII)等。这些不同的叫法,有些指的是同一过程,有的则是在某个方面有所强调。

PIII 原理示意图如图 6.1 所示。

在真空室中配备有真空泵、提供

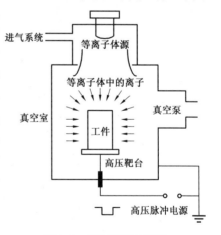

图 6.1 PIII 原理示意图

工作气体的进气系统、等离子体源和高压靶台。工件放置在高压靶台上,高压靶台和高压脉冲电源相连,将工件在高压靶台上放置好后,关闭真空室,启动真空系统,将真空室抽到高真空;然后通入工作气体,启动等离子体源。等离子体源产生的等离子体充满整个真空室,工件完全浸没在等离子体中。启动高压脉冲电源,在工件上施加负高压脉冲。工件附近的电子被负高压脉冲形成的电场排挤走,而离子因为质量比电子大得多,运动相对较慢。这样就会在工件周围形成一个只存在离子的空间区域,称为"离子鞘层"。接下来,离子受到鞘层空间电场的加速,飞向工件,并不断注入到工件中。由于工件处于等离子体的包围中,离子会同时从各个方向注入到工件中。

这种表面处理方法之所以称为 PIII,主要是为了突出和传统的束线离子注入(Ion Beam Ion Implantation,IBII)在原理上的区别。PIII 和 IBII 的对比如图6.2所示。

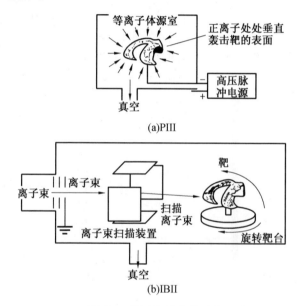

(a)PIII

(b)IBII

图6.2 PIII 和 IBII 的对比

IBII 的特点是离子束有特定的方向,离子只能沿直线飞行,不能注入到和飞行直线无法形成交点的部位,这一局限性通常称为 IBII 的"视线限制"。这就决定了 IBII 只适合于处理平面样品,而不适合处理三维复杂形状的样品。因为要想获得均匀的处理结果,样品必须进行复杂的三维运动。而要在真空室中实现三维运动非常困难,有时是根本不可能的。

PIII 从原理上克服了 IBII 的这一局限性,待处理的工件"浸没"在等离子体里面,从宽泛的意义上说,工件是等离子体源的一部分。在工件上加上负高压,工件表面出现的鞘层形状和工件外形相仿,鞘层中的电场在任一局部地方都和工件表面相垂直。离子在鞘层电场的加速下,可以注入到

133

工件表面的任何位置,从而使"视线限制"得到了很好地克服。

6.1.2　动态鞘层扩展模型

用于描述 PIII 过程原理的动态鞘层扩展模型如图 6.3 所示。当在浸没在等离子体中的工件上加上一个负高压脉冲,就会在工件表面形成初始离子鞘层。在 $t=0$ 的时刻,工件是地电位,等离子体呈电中性。当负高压脉冲加到工件上,工件附近的电子被负高压脉冲形成的电场排挤走,而离子因为质量大得多,可以看作相对静止的。这样就会在工件周围形成一个只存在离子的空间区域,即初始离子鞘层。这一阶段的时间长度,大约是等离子体电子频率的倒数范围,即 $10^{-9} \sim 10^{-10}$ s。接下来,离子受到鞘层空间电场的加速,飞向工件,并不断注入到工件中。这一阶段的时间长度,大约是等离子体离子频率的倒数范围,即 $10^{-6} \sim 10^{-7}$ s。随着离子不断飞向工件,鞘层中的离子密度降低,使得鞘层边界不断向等离子体中扩展。

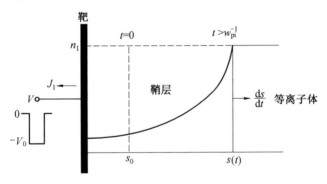

图 6.3　动态鞘层扩展模型

6.1.3　PIII 的优缺点

1. PIII 的优点

和 IBII 相比,PIII 具有以下优点:

(1)可以方便地对三维复杂形状工件进行处理;

(2)离子流密度大、处理时间短、剂量率高;

(3)离子能量范围宽;

(4)处理面积大,特别适用于大靶和重靶;

(5)可批量处理,产量高;

(6)离子源等硬件及控制系统处于地电位,运行十分安全;

(7)不需要转动靶台,也不需要束扫描装置,设备简单、便宜、运行和维修成本低。

2. PIII 也存在明显的缺点

(1)鞘层中的离子难以分离,会全部注入到工件中。

(2)注入离子能量不唯一,分布在很宽的范围内。

(3)存在辐射危害。离子轰击工件时产生大量的二次电子。回路中的二次电子流可能比离子流高一个数量级以上。高能二次电子轰击真空室壁会产生 X 射线辐射,当注入电压超过 10^5 V 后,辐射非常严重。

(4)难以处理绝缘材料,通常仅限于处理绝缘材料薄膜,或者需要特殊的辅助手段。

(5)改性层厚度有限,在很多情况下难以满足需求。

6.2 PIII 设备

PIII 主要由四大系统构成:真空系统、等离子体源、高压系统、供气系统。典型的 PIII 设备如图 6.4 所示。

6.2.1 真空系统

真空系统包括真空室、真空抽气系统、真空测量系统。

和其他等离子体处理工艺不同,PIII 要求真空室必须足够大。进行 PIII 处理时,工件必须完全浸没在等离子体中,才能保证注入的均匀性。这种浸没不仅要在注入开始前得到保证,而且要在整个注入过程中得到保证。负脉冲高压加到工件上以后,在工件周围形成初始鞘层,离子在鞘层电场作用下注入到工件中,随后鞘层开始扩展,直到这个脉冲结束,鞘层尺寸达到最大。在脉冲间歇期间,等离子体得到恢复,等待下一个脉冲的到来。真空室的尺寸必须保证在鞘层达到最大时还有足够多的等离子体存在。另外,如果要进行批量处理,还得让各个样品分开,以免产生鞘层重叠,造成注入剂量不均匀。很多的 PIII 装置真空室容积都在 1 m³ 以上。真空室越大,越容易实现大面积均匀注入,但同时也提高了制造成本,而且增大了获得高真空的难度,对真空抽气系统的要求更高。

为避免工件污染,PIII 处理要求较高的本底真空度,通常要达到 10^{-4} Pa。要获得这样高的真空度,通常需要配置两级真空抽气系统。如图 6.4 中所示系统,第一级真空抽气系统由机械泵和罗茨泵组成,第二级真空抽气系统则由涡轮分子泵构成。

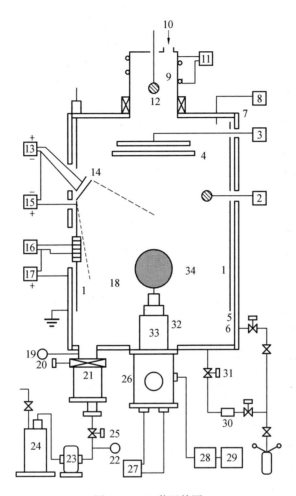

图 6.4   PIII 装置简图

1—RF 天线系统；2—径向 Langmuir 探针系统；3—溅射电极系统；4—挡板；5—内衬；6—真空室器壁；7—永久磁铁；8—温度测量组件；9—RF 等离子体室；10—进气口；11—RF 电源；12—轴向 Langmuir 探针系统；13—触发电源；14—MEVVA 等离子体源；15—MEVVA 源的电弧电源；16—灯丝电源；17—放电电源；18—主真空室；19—电离规；20—闸阀；21—涡轮分子泵；22—热耦规；23—罗茨泵；24—机械泵；25—电磁阀；26—油箱；27—油冷系统；28—高压脉冲调制器；29—直流高压电源；30—质量流量计；31—多元供气系统；32—派力克斯玻璃屏蔽筒；33—高压靶台；34—工件

6.2.2　等离子体源

不同的材料表面改性可能需要不同种类的注入离子,包括气体离子和金属离子,因此通常的 PIII 装置都带有多种等离子体源。图 6.4 所示装置配备了射频等离子体源、MEVVA 等离子体源、灯丝等离子体源等。美国西北大学的 PIIID 则配备了微波等离子体源、电感耦合等离子体源、MEVVA 等离子体源。PIII 装置对等离子体源没有特殊要求,只要能够产生大面积均匀等离子体就可以。配备什么样的等离子体源,取决于装置的用途,受限于制造成本,可以进行灵活组合配置。

6.2.3　高压系统

为了获得更大的表面强化厚度,曾有一段时间 PIII 一度追求采用更高的注入电压,但最后发现提高注入电压不仅使高压脉冲电源系统的成本和技术难度提高了,而且需要更大的真空室,更大体积的均匀等离子体,使整个系统的成本和技术难度急剧上升。最终人们放弃了高压竞赛,将注入电压限制在 10^5 V 以下。

由于工件上加了负高压以后,鞘层会不断地向外扩展,因此工件上的负高压只能以脉冲方式提供,使得等离子体在脉冲间隙可以恢复。高压脉冲电源系统主要由直流高压电源、脉冲调制器和高压脉冲变压器组成。高压脉冲电源必须能提供快速开关的脉冲高压,脉冲上升和下降时间必须在微秒量级以下,而脉冲持续时间则至少要达到几十微秒。真空电子管还是一种很常用的高压开关原件,但它能够提供的电流限制在了 10 A 的数量级上。要突破这一限制,可以使用其他高压开关原件,像闸流管(thyratrons)、火花间隙开关(spark-gaps)、高压大电流晶体管开关等。

6.2.4　供气系统

供气系统主要由气瓶、截止阀、调节针阀和质量流量计组成。工作气体经质量流量计送入主真空室内。氮气或惰性气体也可以不经质量流量计直接进入主真空室内,对主真空室进行快速清洗。

6.3　等离子体浸没离子注入与沉积

离子要穿透工件表面进入到内部,并不是一件容易的事。束线离子注入的加速电压高达几十万伏,注入深度也只有零点几微米。PIII 处理时,工件被等离子体包围,要提高注入电压,难度非常大。一般来说,PIII 的注入电压比束线离子注入要低,在 10^5 V 以下,注入深度更小。PIII 一个比较大的局限性就是离子的注入深度较小,典型的注入深度为 0.1 μm。这样的注入深度,对耐磨应用来说太小了。由于技术上的原因,研究工作者并不倾向于努力提高注入电压。从 PIII 诞生以来,提高改性层厚度的努力主要沿着两个方向,一是高温注入,即提高工件处理温度,使注入的离子进一步向工件内部扩散;二是将 PIII 和沉积技术结合,通过沉积技术生成厚度为微米量级的薄膜,通过 PIII 技术提高膜基结合力并改善薄膜性能,这就是等离子体浸没离子注入与沉积(Plasma Immersion Ion Implantation and Deposition,PIIID)技术。在 PIII 诞生初期,对高温注入的研究较多,但高温注入带来的工件变形、热应力等问题使PIII丧失了低温处理的优势,近年来这方面的研究有所减少。而由于 PIII 和沉积技术良好的技术相容性,PIIID获得了飞速发展。

理论上来说,PIII 可以和任何一种沉积技术相结合,但真空蒸发产生的粒子是中性的,要进行注入处理必须再进行离化,在 PIIID 中没有获得应用。溅射沉积和 PIII 相结合的 PIIID 有所应用,图 6.5 所示为结合 RF 溅射沉积的 PIIID 系统简图。但溅射产生的气相材料电离度相对较低,注入所用离子主要还是依靠工作气体离子。MEVVA 等离子体源的应用提高了PIIID 的效率,所制备的薄膜性能大幅度提高,这就是金属等离子体浸没离子注入与沉积。

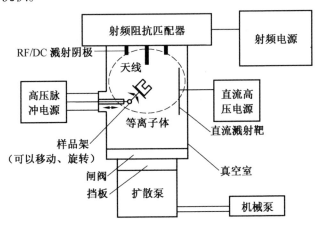

图 6.5 结合 RF 溅射沉积的 PIIID 系统简图

6.4 金属等离子体浸没离子注入与沉积

PIII 最早是采用气体等离子体工作的,如氮等离子体、氧等离子体等。能够改变材料表面性能的气体等离子体种类是比较有限的,金属蒸汽真空电弧(Metal Vapour Vacuum Arc,MEVVA)等离子体源的应用为 PIII 提供了更大的用武之地。MEVVA 源最初是用来进行束线离子注入的。20 世纪 90 年代初,I. G. Brown 将 MEVVA 源用到了 PIII 中。使用 MEVVA 源金属等离子体的等离子体浸没离子注入与沉积称为金属等离子体浸没离子注入与沉积(Metal Plasma Immersion Ion Implantation and Deposition,MePIIID)。

MePIIID 装置原理如图 6.6 所示。

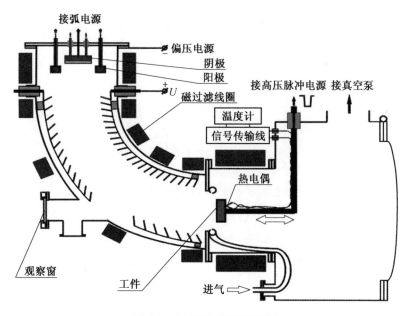

图 6.6 MePIIID 装置原理图

MEVVA 源通常工作在脉冲模式下。在 MePIIID 的高真空条件下,阴极和阳极间所加的脉冲电压并不能形成真空电弧放电,必须经触发点燃。触发采用脉冲高压触发方式。当触发电压施加在阴极和触发电极上时,阴阳极之间的稀薄气体被击穿,阴极局部被加热汽化,金属蒸汽进入阴阳极之间并被电离,进而形成稳定的真空电弧放电,放电持续时间由主弧电源

139

的脉冲宽度决定。真空电弧放电产生的金属等离子体经过弯曲磁导管过滤掉宏观颗粒,被引出进入工件所在的真空室,包围住工件。

在工件上施加和MEVVA源主弧脉冲同步的脉冲负高压,进行注入。注入脉冲和MEVVA源主弧脉冲的关系如图6.7所示。通常注入脉冲的宽度比MEVVA源主弧脉冲要窄一些,当存在脉冲负高压的时候,进行的就是注入过程;当不存在脉冲负高压的时候,进行的就是沉积过程。如果注入脉冲的宽度和MEVVA源主弧脉冲宽度一致,就是纯粹的金属等离子体浸没离子注入。如果为了提高效率,MEVVA源主弧脉冲宽度可以加大,在一个主弧脉冲期间可以加几个负高压注入脉冲。通过对MEVVA源主弧脉冲宽度及注入脉冲宽度的调整,可以在很大范围内调整注入和沉积的比例,从而改变所获得的薄膜的性能。极限情况下,MEVVA源主弧可以采用直流电源,注入脉冲宽度也可以变得更宽。

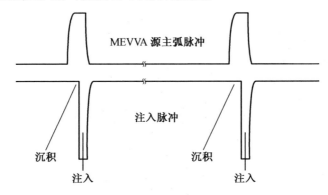

图6.7 注入脉冲和MEVVA源主弧脉冲的关系

金属等离子体源不同于气体等离子体源,要产生大面积均匀等离子体比较困难。为了实现大面积均匀注入和沉积,以及实现多种金属共同注入和沉积,研究工作者又开发了采用双源和多源的MePIIID系统。图6.8所示为双源MePIIID系统结构简图。图6.9所示为多源MePIIID系统照片。

图6.10所示为哈尔滨工业大学开发的用于MePIIID的多阴极金属等离子体源。该装置安装4个阴极,分别由单独的放电电源和触发电源控制,共用一个阳极,每个阴极的放电电流可通过控制外部电源的脉冲宽度调节,从而实现多种金属等离子体和不同阴极材料的单独放电和混合放电。

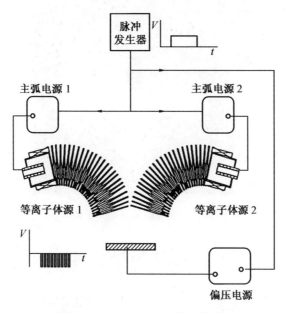

图 6.8　双源 MePIIID 系统结构简图

图 6.9　多源 MePIIID 系统

图 6.10 多阴极金属等离子体源

6.5 PIIID 在耐磨防腐方面的应用

磨损和腐蚀一直是造成工业零部件失效的重要原因,也是表面科学技术重点研究的领域。研究工作者发明了各种薄膜、涂层制备技术,制备出多种耐磨、耐蚀薄膜和涂层来提高零部件的表面性能。作为一种表面强化技术,PIIID 从诞生之日起,就在承担着提高零部件表面性能的重任。

综观二十多年的研究成果,PIIID 在耐磨防腐方面的应用主要集中在制备两类高性能薄膜:陶瓷薄膜和类金刚石膜(Diamond-like Coating,DLC)。

PIIID 制备的耐磨、耐蚀陶瓷薄膜主要为氮化物陶瓷薄膜和碳化物陶瓷薄膜。

等离子体氮化通过在工件表面形成耐磨性极高的氮化物可以极大地提高工件的使用寿命。PIII 同样可以实现工件表面的氮化,而处理温度比等离子体氮化更低。氮离子的能量主要用于穿透表面层,氮化的主要过程还是通过扩散进行。PIIID 氮化处理的材料包括不锈钢、工具钢、硬质合金、钛合金、铝合金、镍基合金等。

不锈钢,特别是奥氏体不锈钢具有非常良好的耐蚀性,在腐蚀环境应用非常广泛。但是奥氏体不锈钢的硬度较低,耐磨性差,在腐蚀磨损环境中的使用效果不理想。通过表面改性提高奥氏体不锈钢的耐磨、耐蚀性具有非常重大的价值。采用 PIII 工艺对不锈钢表面进行处理,处理过程可以在 250 ~ 500 ℃ 下进行。在 500 ℃ 以下进行处理,可以形成超过饱和的奥氏体,称为 s 相,或扩张奥氏体(Expanded Austenite)γ_N,既有高硬度,又有良好的耐蚀性。而在 500 ℃以上进行氮化处理,硬度的提高要以牺牲耐蚀性为代价。这种处理可以采用低电压、大电流,改性层厚度可达几个微米,极大地提高了不锈钢的耐磨、耐蚀性。

镍基合金和奥氏体不锈钢在组织结构和性能上有很多相近的特点,但对镍基合金的 PIIID 处理的研究远不如奥氏体不锈钢。

类金刚石是多种非晶碳材料的总称,其中一些氢的原子数分数超过 50%,另外一些氢的原子数分数在 1% 以下。类金刚石膜中含有相当数量的 sp^3 键,这使得它们的物理性能和力学性能非常优异,在一定程度上很接近金刚石,因此取名类金刚石膜。由于类金刚石膜的优异性能,对这类材料的研究非常活跃。类金刚石膜是亚稳材料,在膜的生长过程中需要离子轰击。制造类金刚石膜的方法包括 PECVD 和 PEPVD 的多种方法,如溅射沉积、真空电弧沉积等。和 PECVD 制备的金刚石膜中的 sp^3 键形成的化学机理不同,类金刚石膜中 sp^3 键的形成是个物理过程,是离子轰击形成的,当 C^+ 离子的能量为 100 eV 左右时,形成的 sp^3 键的比例最高。

采用溅射沉积等方法制备的类金刚石膜和基体的结合强度较低。因此,当 PIIID 技术发明没多久,人们就开始尝试用它在各种基体上制备类金刚石膜,包括工具钢、不锈钢、钛合金、聚合物等,取得了非常好的效果。图 6.11 是采用 PIIID 在表面制备了类金刚石膜的轴承外环。

图 6.11　采用 PIIID 在表面制备了类金刚石膜的轴承外环

参考文献

[1] ANDERS A. From plasma immersion ion implantation to deposition: a historical perspective on principles and trends [J]. Surface and Coatings Technology, 2002, 156(1-3): 3-12.

[2] CONRAD J R, RADTKEL J L, DODD R A, et al. Plasma source ion - implantation technique for surface modification of materials [J]. Journal of Applied Physics, 1987, 62(11): 4591-4596.

[3] PELLETIER J, ANDERS A. Plasma-based ion implantation and deposition: A review of physics, technology, and applications [J]. IEEE Transactions on Plasma Science, 2005, 33(6): 1944-1959.

[4] 汤宝寅. 等离子体源离子注入(I)——原理和技术 [J]. 物理, 1994, 23(1): 41-45.

[5] 王松雁, 汤宝寅, 孙剑飞, 等. 用于材料表面改性的多功能等离子体浸没离子注入装置 [J]. 物理, 1997, 26(6): 362-366.

[6] MA Xinxin, JIANG Shaoqun, SUN Yue, et al. Elevated temperature nitrogen plasma immersion ion implantation of AISI 302 austenitic stainless steel [J]. Surface and Coatings Technology, 2007(201): 6695-6698.

[7] SARAVANAN P, RAJA V S, MUKHERJEE S, et al. Effect of plasma immersion ion implantation of nitrogen on the wear and corrosion behavior of 316LVM stainless steel [J]. Surface and Coatings Technology, 2007(201): 8131-8135.

[8] DAHM K L, SHORT K T, COLLINS G A, et al. Characterisation of nitrogen-bearing surface layers on Ni-base superalloys [J]. Wear, 2007(263): 625-628.

[9] ENSINGER W, VOLZ K, ENDERS B. An apparatus for in-situ or sequential plasma immersion ion beam treatment in combination with r. f. sputter deposition or triode d. c. sputter deposition [J]. Surface and Coatings Technology, 1999(120-121): 343-346.

[10] ANDERS A. Metal plasma immersion ion implantation and deposition: a review [J]. Surface and Coatings Technology, 1997, 93(2-3): 158-167.

[11] TSYGANOV I, MAITZ M F, WIESER E, et al. Structure and properties

of titanium oxide layers prepared by metal plasma immersion ion implantation and deposition[J]. Surface and Coatings Technology,2003(174–175): 591–596.

[12] BROWN I G, ANDERS A, DICKINSON M R, et al. Recent advances in surface processing with metal plasma and ion beams[J]. Surface and Coatings Technology, 1999, 112(1–3): 271–277.

[13] 张涛,侯君达. MEVVA 源金属离子注入和金属等离子体浸没注入[J]. 中国表面工程,2000(3):8–12.

[14] 解志文,王浪平,王小峰,等. 多阴极金属等离子体源的特性及应用研究[J]. 核技术,2011,34(1):18–21.

[15] RYABCHIKOV A I, RYABCHIKOV I A, STEPANOV I B. Development of filtered DC metal plasma ion implantation and coatingdeposition methods based on high–frequency short–pulsed bias voltage application[J]. Vacuum. 2005(78): 331–336.

[16] GRILL A. Diamond–like carbon: state of the art[J]. Diamond and Related Materials,1999(8): 428–434.

[17] ROBERTSON J. Diamond–like amorphous carbon[J]. Materials Science and Engineering R,2002(37): 129–281.

[18] CHEN K W, LIN J F, TSAI W F, et al. Plasma immersion ion implantation induced improvements of mechanical properties, wear resistance, and adhesion of diamond–like carbonfilms deposited on tool steel[J]. Surface and Coatings Technology, 2009(204): 229–236.

[19] WANG Langping, HUANG Lei, WANG Yuhang, et al. Duplex diamond–like carbon film fabricated on 2Cr13 martensite stainless steel using inner surface ion implantation and deposition[J]. Surface and Coatings Technology,2008(202): 3391–3395.

[20] MOHAN L, ANANDAN C, WILLIAM G V K. Corrosion behavior of titanium alloy Beta–21S coated with diamond like carbon in Hank's solution[J]. Applied Surface Science, 2012(258): 6331–6340.

[21] SCHWARZ F, STRITZKER B. Plasma immersion ion implantation of polymers and silver – polymer nano composites [J]. Surface and Coatings Technology,2010(204): 1875–1879.

[22] WANG Langping, HUANG Lei, WANG Yuhang, et al. Duplex DLC coatings fabricated on the inner surface of a tube using plasma immersion

ion implantation and deposition[J]. Diamond & Related Material,2008 (17):43-47.

[23]杨隽,童身毅.低温等离子体技术对金属表面的改性与保护[J].中国涂料,2002(6):39-41.

[24]曹辉亮,刘宣勇,丁传贤.医用钛合金表面改性的研究进展[J].中国材料进展,2009(Z2):9-17.

[25]张高会,黄国青,徐鹏,于明洲.铝及铝合金表面处理研究进展[J].中国计量学院学报,2010(02):174-178.

[26]江南.我国低温等离子体研究进展(Ⅱ)[J].物理,2006(03):230-237.

[27]傅劲裕,朱剑豪.等离子体注入/沉积(PⅢ&D)对材料表面改性的研究进展[J].2004年中国材料研讨会论文摘要集,2004(2):385-386.

[28]韩永超,张世伟,韩进.管状工件内表面真空镀膜方法的研究进展[J].真空,2012(01):39-44.

第7章　电弧喷涂

7.1　电弧喷涂的原理和特点

7.1.1　电弧喷涂的原理

电弧喷涂是用电弧将喷涂材料加热熔化,再用压缩空气雾化,喷射到基体表面形成涂层的一种热喷涂技术。电弧喷涂的原理如图7.1所示。

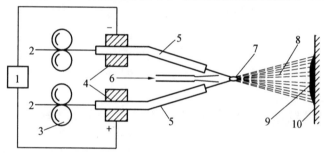

图7.1　电弧喷涂原理示意图

1—直流电源;2—金属丝;3—送丝轮;4—导电块;5—导电嘴;
6—空气喷嘴;7—电弧;8—喷涂射流;9—涂层;10—基体

两根金属丝(可以是同种金属,也可以是不同金属,还可以是药芯丝)作为自耗电极,通过两个极性相反、彼此绝缘的电极导管,以一定角度连续送进到喷嘴口外一点相交,两电极上加有 18 ~ 40 V 电压,使两根自耗电极金属丝在交点处引燃电弧,电弧的热能使电极顶端迅速熔化。喷嘴中通入一定压力的洁净压缩空气,将熔体金属雾化,喷射到经过预处理的基体表面,形成涂层。

电弧的温度约为 6 000 ℃,在这样高的温度下,金属丝被熔化成液滴。喷涂用的压缩空气压力一般为 0.4 ~ 0.6 MPa,在这样的压力下,金属熔滴被破碎、雾化成直径 0.01 ~ 0.04 mm 的液态金属颗粒,在压缩空气的作用下,获得一定的动能,随压缩空气流运动。金属颗粒由于具有不同的尺寸、占据不同的位置,因而在垂直于压缩空气流的同一截面上的颗粒速度是不相等的,截面中心的金属颗粒速度最大,自中心至边缘逐渐降低。同时,在压缩空气流的轴线方向,颗粒速度也是不相等的,金属颗粒的速度自出口处迅速增加,达到最大后,随着离出口距离的增加而逐渐降低。喷涂过程中,熔化的金属颗粒撞击基体表面,经过变形铺展、堆积,形成涂层,因此颗粒到达基体表面时动能越大、温度越高、颗粒尺寸越均匀、氧化越少,变形铺展就会越充分,形成的涂层性能就会更好。

7.1.2 电弧喷涂的特点

(1)电弧喷涂工艺属于干法表面强化技术,和电镀、化学镀技术相比,具有对环境污染小的特点;

(2)电弧喷涂使用的能源为电能,和火焰喷涂相比安全性更高,能源消耗成本低;

(3)电弧喷涂所用材料为金属丝材,和粉末火焰喷涂、等离子喷涂相比,具有材料加工制造容易、成本低的特点;

(4)在所有的喷涂方法中,电弧喷涂的效率最高;

(5)电弧喷涂要求丝材导电,因此只能喷涂金属材料,包括实芯金属丝材、药芯金属丝材;

(6)电弧喷涂涂层和基体之间的结合为机械嵌合,结合强度一般为20~30 MPa,不适合于应用在高冲击、重负荷的工作条件下;

(7)和等离子喷涂、爆炸喷涂、超音速火焰喷涂等方法相比,电弧喷涂涂层的孔隙率较高。

7.2 电弧喷涂设备

电弧喷涂是借助电弧燃烧的热能熔化金属丝材,利用压缩空气的压力把熔化的金属雾化成金属颗粒。因此,产生电弧的喷枪、给喷枪供电的电源和空气压缩机是电弧喷涂必不可少的设备。喷涂用的空气要求清洁干燥,因此供气系统中还包括空气净化装置。基体喷涂前要进行粗化处理,需要喷砂设备。此外还有驱动工件按一定速度运动的喷涂机床、除尘设备等。

7.2.1 电弧喷涂主体设备

1. 电弧喷枪及送丝机构

电弧喷枪的外形如图7.2所示,送丝机构如图7.3所示。

图 7.2　电弧喷枪

图 7.3　送丝机构

　　电弧喷枪的作用是在两根金属丝之间建立电弧,熔化金属,并用压缩空气对熔化后的金属进行雾化,形成喷射束。在枪体的后部有两个电缆接口,用于连接送丝用的电缆;一个压缩空气接口,用于连接雾化用的压缩空气。在手柄上有一个控制开关,控制开关通过导线连接到电源上,控制喷涂的启动和停止。

　　最早的喷枪雾化头结构比较简单,仅由导电嘴和空气喷射管组成,称为敞开式喷嘴。这种结构对熔化金属的雾化效果较差,喷出的金属颗粒比较粗大,并且粒子速度只有 50～100 m/s。目前较为先进的喷枪采用二次雾化头结构,加装空气帽,将弧区适当封闭,并将雾化气流分为两路,由辅助的二次雾化气流将弧区适当压缩,称为封闭式喷嘴。这种结构增加了弧区的压力,提高了空气流的喷射速度和电弧温度,使喷射的金属粒子速度可达 200 m/s,加强了对熔化金属的雾化效果,使喷出的颗粒更加细微,同时提高了涂层与基体的结合强度。

2. 喷涂电源

喷涂电源开始是采用一般的电弧焊整流电源,在实践过程中,发现这种特性的电源有很大的局限性,不能满足电弧喷涂时金属丝熔化-雾化过程的特殊要求。实际的电弧喷涂过程中,弧长以很高频率波动,为了保持电弧稳定,要求喷涂电流能随弧长的微小变化而快速增减。因此,电弧喷涂用电源要求平特性或略呈上升的外特性,动特性具有足够大的电流上升速率,并且电源具有电压调节装置,以满足喷涂不同金属材料和工艺的要求。电源的外形如图 7.4 所示。

图 7.4　喷涂电源

7.2.2　电弧喷涂辅助设备

1. 喷涂机床

为保证喷涂过程的连续稳定,涂层厚度均匀,需要采用自动喷涂。喷涂枪要在喷涂平面内可以进行两自由度自动行走,高度方向可以调节。喷涂轴类工件,要求工件能以一定的速度旋转,并要求旋转速度有一定的可调范围。这一要求可以通过喷涂机床实现。喷涂机床可以采用专门设计的喷涂自动专机。由于喷涂过程对喷涂枪的运动控制不像焊接过程要求那么高,没有条件的也可以将旧车床改造成喷涂机床,同样能满足一般轴类工件的喷涂需要。图 7.5 为采用旧车床改造的喷涂机床。

2. 供气设备

电弧喷涂工艺对压缩空气质量要求较高,要求其干燥、无油、无尘。

供气设备包括空气压缩机、空气冷凝器、油水分离器、储气罐等。

图7.5 采用旧车床改造的喷涂机床

（1）空气压缩机

空气压缩机是通过机械压缩的方法将常温常压下的空气压缩成压力较高的空气的机械装置。空气压缩机的主要选择参数是其排气压力与流量,同时考虑空气压缩机的结构类形和噪声等级等因素。

热喷涂工艺过程中,耗用空气量最大的工序是基体表面的喷砂预处理。因此,选择空气压缩机参数时主要根据喷砂所需的空气压力和供气量来确定,并适当增加一定的余量。

喷砂所消耗的空气量主要取决于喷砂喷嘴的孔径和要求的空气压力。表7.1列出了不同尺寸的喷嘴及空气压力下所消耗的空气量。

表7.1 喷砂喷嘴直径、空气压力和空气消耗量的关系

喷嘴直径 /mm	空气消耗量/($m^3 \cdot min^{-1}$)					
	3.5 kgf/cm²	4.2 kgf/cm²	4.9 kgf/cm²	5.6 kgf/cm²	6.3 kgf/cm²	7.0 kgf/cm²
3.2	0.32	0.37	0.43	0.48	0.52	0.58
4.8	0.74	0.85	0.93	1.08	1.16	1.27
6.4	1.33	1.53	1.73	1.93	2.10	2.29
8.0	2.18	2.52	2.86	3.20	3.57	3.88
9.5	2.92	3.57	4.05	4.56	4.90	5.55
11.1	4.16	4.81	5.49	6.14	6.80	7.19
12.7	5.61	6.34	7.14	7.93	8.75	9.57
15.9	8.72	10.03	11.44	12.80	14.27	15.52
19.0	12.73	14.19	16.20	17.39	19.60	22.12

空气压缩机有往复式空压机(又称活塞式空压机)、螺杆式空压机。图7.6所示为往复式空压机。图7.7所示为螺杆式空压机。

图7.6　往复式空压机

图7.7　螺杆式空压机

往复式空压机的压缩和排气是靠汽缸内的活塞往复运动来完成的。往复式空压机产生的压缩空气洁净度较差,即使采用无油润滑技术,所产生的压缩空气的油气含量和水蒸气含量仍难以满足热喷涂工艺的研究,需要进一步用冷凝器和油水分离器进行净化处理。往复式空压机的优点是灵活性比较高,方便移动,可以到现场进行喷涂作业。

螺杆式空压机依靠两根相向回转的螺杆将常温常压的空气吸入并压缩成一定压力的压缩空气。螺杆式空压机的效率高、出气洁净、振动小、噪声低。

(2)空气冷凝器和油水分离器

空气冷凝器和油水分离器属于空气净化装置。空气的净化是利用对压缩空气的冷却、过滤的方法将油雾、水汽和微尘从空气中分离出来,获得

152

干燥、无油、清洁的空气。由于空气的压缩过程使其温度升高,需要对压缩空气进行降温才能使水汽冷凝排出。图 7.8 所示为空气冷凝器,图 7.9 所示为油水分离器。

图 7.8　空气冷凝器

图 7.9　油水分离器

（3）储气罐

储气罐是用厚钢板焊接成的压力容器,作用是把由空压机输出的波动较大的气流变成气压平稳的气流,如图 7.10 所示。

图 7.10　储气罐

3. 喷砂设备

喷砂设备是使用高硬度磨料对基体表面进行高速喷射,靠冲刷、切削和锤击作用,使基体表面达到粗化、净化和活化效果的机械装备。热喷涂常采用干式喷砂装置,包括压力式喷砂机和射吸式喷砂机。

压力式喷砂机设有一个喷砂罐,是一个密封容器,罐内装入相当质量的喷砂磨料。罐体密封后,向罐体上部通入压缩空气,罐底与一个射吸式喷砂管连通。磨料依靠压缩空气压力和自重流落入喷砂管中,经压缩空气高速喷射产生的射流将其抽吸入喷砂枪中进行喷砂。图7.11为压力式喷砂机。

射吸式喷砂机是在一个密封的喷砂箱内,用射吸式喷砂枪对置于金属栅格上的工件进行喷砂的装置。图7.12为喷砂箱,图7.13为射吸式喷砂枪结构图。

射吸式喷砂机的原理是:压缩空气以高速从空气喷嘴喷出,形成一个负压区,产生抽吸力,将喷砂管中的磨料抽吸入空气射流中,经喷嘴口喷射向基体表面。射吸式喷砂机是最简单的喷砂设备,特别适合小批零件或试验件的喷砂处理。

图7.11 压力式喷砂机

图7.12 喷砂箱

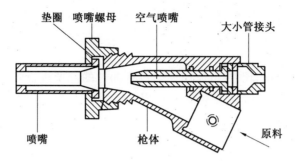

图 7.13　射吸式喷砂枪结构图

图中标注：垫圈　喷嘴螺母　空气喷嘴　大小管接头　喷嘴　枪体　原料

7.3　电弧喷涂工艺

一般来说,可以将整个电弧喷涂过程分为三部分:喷涂前处理、喷涂、涂层的后处理。其中喷涂前处理包括基体表面预处理和基体表面的保护与遮蔽;涂层的后处理包括涂层的封孔处理和涂层的加工。

7.3.1　喷涂前处理

1.基体表面预处理

对基体进行表面预处理是热喷涂非常重要的工艺环节之一。涂层与基体的结合是机械嵌合,向基体喷射的熔融粉末或金属液滴,和基体发生碰撞,产生变形,和基体表面的凸凹部分发生嵌合,产生抛锚效应,从而形成涂层。这种嵌合能力的大小,和基体表面的净化程度、粗化效果有很大关系。通过对基体表面进行净化和粗化,提高基体表面的活性和表面积,可以提高涂层和基体的结合强度,改善涂层内的应力分布状况。

在制备涂层前,对基体表面进行的清理、粗化、预热等,统称为基体表面预处理。基体表面预处理方法很多,有些方法对表面只起到清理作用,有些方法既起到清理作用,又起到粗化作用。

常用的表面预处理方法如下:

(1)溶剂清洗

待喷涂零件表面有油污时,如果直接喷涂,油污会严重削弱涂层和基体的结合力,甚至造成涂层喷涂后立刻剥离。可以采用适当的溶剂进行清洗,干燥后再进行粗化处理。

(2)高温加热

当基体为铸件,并且表面有油污时,溶剂清洗很难清除渗入铸件内部

155

的油污,可以对基体进行整体炉中加热,使渗入铸件内部的油污分解干净,达到去油的目的。

(3)火焰灼烧

如果基体体积较大,可以用火焰对有油污的部位进行灼烧,以清除油污。灼烧是要注意避免基体过热,造成基体变形或组织发生改变。

(4)机械打磨

基体表面有油漆、残余涂层等,可以采用电动砂轮工具进行打磨清理。

(5)机械加工

可以采用车、铣、刨、磨等机械加工方法去除待喷涂零件原表面的残余物、疲劳层,获得清洁的基体表面。在待喷涂表面车出细螺纹,还可以改善涂层和基体界面应力状态,提高涂层结合强度。

(6)喷砂处理

喷砂处理是热喷涂技术中最常用的基体表面处理方法。利用压缩空气将砂粒加速,冲击基体表面,去除基体表面的铁锈,获得新鲜、粗化的金属表面。

(7)电火花粗化

基体表面经过除油、除锈处理后,使用镍丝(或镍板)做电极,基体做另一极,通过两电极接触产生的电弧使镍丝熔化,黏附于基体表面。在基体表面不断移动镍丝,就会在基体表面形成一层粗糙的镍焊层,达到粗化的目的。

(8)超声波清洗

对于污垢积聚在狭窄区域内的工件,根据工件清理的要求,选择清洗液,使用超声波振荡的方法可以去除工件缝隙中的污物,达到清洁工件表面的目的。

(9)基体预热

喷涂过程中,喷涂颗粒以极快的速度从高温冷却下来,使涂层中产生较大的热应力。对基体进行预热,可以降低涂层和基体的温度差,降低喷涂颗粒的冷却速度,减小内应力,防止涂层由于内应力过大而发生剥落。

2.基体表面的保护与遮蔽

很多时候基体表面并不需要全部进行喷涂。必须对非喷涂部位进行保护与遮蔽,以防止在喷砂过程中砂粒对非喷涂部位的损伤,以及喷涂时喷涂粒子沉积在非喷涂部位,妨碍工件以后的正常使用。可以使用薄铁皮对非喷涂表面进行保护,油孔、螺栓孔可以用软木塞、粉笔等堵塞。喷涂时某些无法保护的部位,可以事先涂刷防粘涂料,以便喷涂完毕后,该部位的涂层能够迅速除去。

7.3.2 主要喷涂工艺参数

1. 喷涂电流

喷涂电流是电弧喷涂的重要工艺参数之一,一般根据喷涂的材料及要求的生产效率进行选择。材料熔点越高,比热容越大,导热越好,相变潜热越大,熔化单位质量金属所需的能量越多,要求采用越大的喷涂电流。在喷涂电压一定的情况下,喷涂电流越大,单位时间内消耗的能量越多,在使用相同的材料时,单位时间内可以熔化更多的金属。而送丝速度通常被设计为和喷涂电流成正比,即在大喷涂电流时,喷涂丝送进的也更快,因此可以获得更高的生产效率。

过大的喷涂电流会加大熔滴过热和材料烧损,增大喷涂粒子氧化程度,使涂层孔隙率增大,降低涂层质量,甚至使基体过热造成涂层脱落。

2. 喷涂电压

喷涂电压和喷涂电流共同构成电弧喷涂的能量参数,在喷涂电流一定的情况下,提高喷涂电压可以在单位时间内提供更多的能量,使喷涂材料熔化更好。一般电弧喷涂设备的喷涂电压可调范围都较小。

3. 喷枪的移动速度

喷枪的移动速度指电弧喷枪在三维空间中的移动速度。在工件静止不动时,喷枪的移动速度越大,单位时间内喷涂面积越大,喷涂厚度越小,对工件局部热输入越小。

4. 工件线速度

对于作旋转运动的轴类工件来说,工件线速度指工件待喷涂部位在三维空间中的移动速度。喷涂旋转运动的工件时,工件本身以一定速度旋转,喷枪沿工件轴线移动,被喷涂表面和喷枪之间的相对运动是工件线速度和喷枪移动速度的合成。工件线速度和喷枪移动速度必须很好配合,一般以每喷涂一圈涂层和上一圈重叠 $1/3 \sim 1/2$ 为宜。工件线速度过低或喷枪移动速度过低,则合成运动速度过低,单位时间内喷涂面积小,喷涂厚度大,局部容易过热;喷枪移动速度过高,容易造成局部未喷到,涂层覆盖不完整;工件线速度过高,会使材料沉积率降低。

5. 喷涂距离

喷涂距离是指喷枪口距工件被喷涂表面的直线距离,即喷涂粒子的飞行距离。

电弧喷涂涂层和基体的结合以及涂层本身的结合都是靠喷涂粒子的

镶嵌作用,因此喷涂粒子在和基体碰撞时的变形、铺展对涂层的结合强度有着非常重要的影响。喷涂粒子的变形、铺展主要取决于两个因素:粒子的熔化程度和粒子的速度。电弧喷涂时,喷涂丝端部熔化的金属受压缩空气作用,发生雾化,产生喷涂粒子,喷涂粒子在压缩空气的作用下加速飞向基体,达到最高速度后,粒子速度开始下降。为了获得最佳喷涂效果,应该让喷涂粒子在达到最高速度时和基体发生碰撞,这样喷涂粒子的变形、铺展才会更充分,涂层结合强度才会更高。喷涂距离过短,粒子加速不充分,涂层强度降低;喷涂距离过长,粒子速度下降,涂层强度也会降低。电弧喷涂的喷涂距离一般为 $100 \sim 150$ mm。

6. 喷涂角度

喷涂角度是指喷涂粒子射流与被喷涂表面之间的夹角。

喷涂角度以不低于 80 ℃ 为宜,即喷涂粒子射流应尽可能与被喷涂表面垂直。喷涂角度过小,喷涂粒子和基体的撞击力量小,变形、铺展不充分,涂层结合强度低,而且先沉积在基体上的喷涂粒子会对后到达的喷涂粒子起遮挡作用,使后到达的喷涂粒子无法到达预定位置,形成"遮蔽效应",在涂层中形成孔洞、夹层。

7. 压缩空气压力和流量

压缩空气是喷涂材料雾化和加速的动力源,必须保证足够高的压缩空气压力和流量,才能保证良好的喷涂效果。一般电弧喷涂压缩空气压力不低于 0.6 MPa,流量不低于 3 m^3/s。

7.3.3 涂层的后处理

1. 涂层的封孔处理

热喷涂涂层都存在一定的孔隙。多孔性降低了涂层的耐蚀性、绝缘性。当喷涂防腐涂层或绝缘涂层时,就要对涂层进行封孔处理。

封孔处理是热喷涂工艺的一种后处理工序。封孔剂的作用就是填充涂层中的空隙,从而达到:

① 提高涂层的耐腐蚀、抗氧化、电绝缘性能;

② 避免涂层磨削加工时磨料嵌入涂层孔隙中;

③ 赋予涂层以新的功能。如采用石蜡、有机硅树脂类封孔剂,具有减摩自润滑性能,可使涂层也有减摩自润滑性能。

对封孔剂的基本要求如下:

(1)黏度低,渗透性好;

(2)化学性能稳定,能耐化学腐蚀或溶剂作用,不与涂层材料发生有害反应；

（3）容易固化，最好能常温固化，且与涂层粒子粘结牢固；

（4）安全无毒，使用方便。

按照封孔剂材料的类型，封孔剂主要分为有机封孔剂和无机封孔剂两类。前者一般用于常温和不高的环境温度下，如微晶石蜡、酚醛清漆、环氧清漆等；后者则多用于高温涂层的封孔，如水玻璃、水解硅酸乙酯、磷酸铝等。

2. 涂层的加工

几乎所有的热喷涂涂层表面都是较粗糙的，在要求涂层几何尺寸精度和表面光洁度的情况下，必须对涂层进行机械加工。

热喷涂涂层的机械加工不同于普通整体金属材料的加工，由于涂层组织的特殊性，在制定机加工工艺时，应考虑如下因素：

（1）涂层结合强度有限，尤其在边缘处不能承受过大的切削应力，否则易出现涂层剥离现象；

（2）一般涂层韧性差，不宜切削；

（3）耐磨涂层硬度高，导热性差，刃口温度高，涂层易过热，刀具容易磨损；

（4）涂层一般较薄，加工余量不大。

热喷涂涂层都是以机械结合为主，不正确的机加工工艺会导致涂层的剥离和开裂。涂层的车、铣加工以小进给量和低线速度为宜。

薄涂层和硬度很高的涂层最好采用磨削加工。

7.4 电弧喷涂材料

7.4.1 涂层材料的分类及对涂层材料的基本要求

1. 涂层材料的分类

热喷涂涂层材料可以根据材料的形状、种类和使用功能进行分类，如表7.2 所示。

2. 对涂层材料的基本要求

（1）涂层材料必须满足设计特性。被喷涂的材料必须满足对热喷涂涂层使用功能特性的基本要求，如耐磨、耐蚀、耐高温、抗氧化、可磨耗密封、自润滑、热辐射、导电、绝缘、超导等。

表7.2 热喷涂涂层材料的分类

按形状	粉末	金属及合金粉末、陶瓷粉末、塑料粉末、复合粉末
	丝材	金属及合金丝材、陶瓷软丝材
	棒材	陶瓷棒材
按种类	金属及合金	铁基、镍基、钴基、铜基合金,锌、铝及其合金,其他金属及合金
	金属陶瓷	金属+碳化物,金属+氧化物,金属+硼化物等
	陶瓷	碳化物、氮化物、氧化物、硼化物、硅化物
	塑料	热固性塑料、热塑性塑料
	复合材料	
按功能	耐磨	耐黏着磨损、耐磨料磨损、耐疲劳磨损、耐腐蚀磨损、减摩自润滑
	耐腐蚀	耐大气、淡水、海水、化学介质、高温燃气、熔融金属及炉渣
	耐热、抗氧化	耐热、热障、高温封严
	电磁性	导电、超导、半导体、绝缘、电磁屏蔽
	能量转换	吸收、反射、热辐射
	其他功能	催化、辐射屏蔽、生物功能、装饰

(2)涂层材料在加热过程中,具有良好的化学稳定性和热稳定性,不挥发升华,不会产生有害的化学反应及有碍涂层使用的晶型转变。

(3)涂层材料具有良好的物理性能,与基体或结合底层有良好的性能匹配,包括良好的润湿能力,比较接近的热膨胀系数,合理的电化学性能组合等。

(4)涂层材料应满足工艺及设备的要求,如丝材应具有一定强度、径值均匀、表面光洁无污染,粉末材料必须有足够的流动性,应干燥清洁、无污染。

(5)涂层材料应是无剧毒性和无产生爆炸的可能性。

3. 对电弧喷涂丝材的要求

对热喷涂丝材的基本要求是化学成分和喷涂工艺性能。后者包括丝材的尺寸及公差要求,丝材的表面状态,丝材的延展性及强度。

丝材的直径和圆度影响其输送性能和可喷涂性。丝材的直径应与导电嘴或喷嘴孔径相符,误差为(−0.1 mm,+0.0 mm)。丝材直径过大,则会使送丝困难;丝材直径过小,采用火焰喷涂时容易发生燃气倒流引起回火,采用电弧喷涂时容易造成导电不良,影响喷涂过程稳定性。

丝材表面应光滑,无刮削缺口和飞边,表面无污染。表面黏着的污物和油脂以及氧化皮或其他腐蚀产物都会使涂层质量下降。

丝材应具有足够的延展性及强度,以便在弯曲及拉伸时不至于断裂。软金属丝如锡、巴氏合金,应具有足够的硬度,以防被驱动轮压扁或擦伤。

喷涂丝材制作容易,比粉末材料成本低,喷涂时沉积速率高,设备简单,操作方便,特别适合于大批量、大面积和现场喷涂。

7.4.2 电弧喷涂用金属丝材

电弧喷涂要求喷涂材料为可以连续送进的丝材。丝材是应用最早的热喷涂材料。可拉拔成丝状的金属材料,基本上都可以用于电弧喷涂。除实芯金属丝材外,目前还有填充不同合金粉末或陶瓷粉末的药芯丝材。

1. 锌、铝、锌铝合金丝

锌、铝和以锌、铝为主要成分的合金丝,均具有比铁更低的电极电位,能对钢铁基体起到有效的"阳极保护"作用,具有优异的耐环境腐蚀性能。在热喷涂中,主要利用它们对钢铁材料良好的牺牲阳极保护作用,通常用作大气、淡水、海洋环境的长效防腐涂层。铝及铝合金还可用于制作导电、耐热涂层。

(1)锌丝

锌是一种银灰色金属,具有比铁更低的电极电位,能对钢铁基体起到有效的"阳极保护"作用。

在乡村大气、淡水和土壤中有相当高的耐蚀性,适用于 pH 值为 6 ~ 12 的环境。

在含 SO_2 的工业区大气和海水中的耐蚀性较差。

在 67 ℃以上的热水和大气环境中,锌的电极电位发生"跃变",变得比铁的电极电位更高,失去了对钢铁基体的"阳极保护"作用。

不耐酸、碱腐蚀。锌和酸性食品起作用产生有毒盐,食品用具和设备不宜采用锌涂层防腐。

锌涂层的耐蚀寿命一般与涂层厚度成正比。表 7.3 所示为在各种不同环境中的腐蚀速度。

表 7.3 在各种不同环境中锌涂层的腐蚀速度

环境	农村大气	海洋大气	工业区大气	含 O_2、CO_2、SO_2 的水
腐蚀速度/$(mm \cdot 年^{-1})$	0.000 1 ~ 0.001	0.001 5	0.005	0.03 ~ 0.05

锌的熔体对多种金属、陶瓷、玻璃、石膏、塑料等基体材料有良好的润湿能力和高的黏附强度,可以用作有机材料表面喷涂高熔点材料的打底涂层。

锌有良好的导电性,对电磁波有相当高的反射率,可以制备导电涂层,制备电磁波干扰屏蔽涂层。

喷涂锌时产生的烟雾主要是 ZnO,有毒性,危害呼吸系统,引起发烧,喷涂时要注意防护。

(2)铝丝

铝是一种银白色金属,具有比铁更低的电极电位,能对钢铁基体起"阳极保护"作用。铝与氧有极高的亲和力,能迅速形成坚固致密的氧化膜,其耐蚀性主要取决于中氧化膜在介质中的化学稳定性。在大气、海水、硝酸中这种氧化膜都有很好的化学稳定性。可以用作钢铁构建耐环境腐蚀的阳极保护涂层,适用于各种大气特别是含 SO_2 气体、淡水、海水及 pH 值为 4.5 ~ 8.5 的溶液及其他氧化性环境中的耐蚀涂层。但铝的电极电位常由于氧化膜的形成而提升到和钢铁材料很接近,阳极保护效果无法充分发挥。

铝的导电性和导热性极好,抛光后的铝对各种波长都有很高的反射率,可以用于制备导电涂层、反射涂层。

喷涂铝涂层经高温扩散处理后,可用作钢铁基体耐高温氧化涂层。

喷涂态的铝在海水等腐蚀环境中摩擦系数很高,可以用作海洋环境的摩阻涂层。

(3)锌铝合金丝

锌铝合金中铝的质量分数超过 13% 时,这种合金的喷涂层就既具有锌涂层对基体的阳极保护作用,又有足够的铝,能形成完整的氧化铝保护膜而具有很好的耐蚀性。喷涂时形成的 ZnO 的量比喷涂纯锌少,毒性更小。因此这是一种取代锌、铝的一种很有前途的防腐涂层材料。

2. 镍及镍基合金丝

(1)纯镍丝

镍是一种白色金属,其性质类似于铁,但具有更好的抗氧化、耐热和耐蚀性、韧性好、强度高。纯镍丝被用于制备要求有一定硬度和耐蚀性的涂层,在水、还原性酸、还原性气分和各种化学药品中有很强的耐蚀性。

(2)镍铜合金丝

镍铜(蒙乃尔)合金是一种铜在镍基体中形成的固溶体型合金,耐蚀性能与镍、铜相似但更好。主要用于在腐蚀环境中使用的机械零部件的耐蚀涂层。镍铜合金的适用范围如表7.4所示。

表7.4 镍铜合金的适用范围

适用介质	氨气、氨气溶液、苛性碱和碳酸盐溶液、食盐、海水、水、脂肪酸及大部分有机酸、汽油、矿物油、酚、甲酚、显影试剂、染料、酒精
可用介质	硫酸、磷酸、氰氢酸、氢氟酸、醋酸、柠檬酸、硫酸亚铁、干燥氯气
不宜用介质	盐酸、硝酸、熔融铅、熔融锌、铬酸、亚硫酸、三氯化铁、氰化钾粉末及溶液

(3)镍铬耐热合金丝

镍铬耐热合金丝可用于喷涂耐热耐蚀涂层,在高温下具有优良的抗起皮、耐氧化性能。可用作低碳钢和低合金钢基体在980 ℃以下的抗热耐氧化涂层及耐高温陶瓷涂层的黏结底层。

(4)镍铬钛合金丝

镍铬钛合金丝是用于锅炉管道等的耐热、抗含硫燃气腐蚀的喷涂丝材,它与钢管基体能形成牢固地结合,热膨胀系数与低碳钢十分接近,涂层韧性好,不容易产生裂纹和剥落,在400～800 ℃有优异的抗硫化物、高温燃气腐蚀性能。

(5)镍铬铝合金丝

镍铬铝合金丝是一种具有自黏结功能的耐热合金丝,具有优良的抗高温氧化、耐燃气侵蚀性能,使用温度可达1 000 ℃。可以直接用作抗高温氧化和燃气侵蚀的高温保护涂层,也常用作耐高温陶瓷涂层的自黏结底层材料。在100～800 ℃,其热膨胀系数为$(13.5～20.0)×10^{-6}K^{-1}$,与耐热钢或耐热合金相近,因而高温下涂层与耐热钢基体的热应力小,结合牢固。这种材料喷涂的涂层易于车削或磨削加工。

3. 钢丝

钢铁材料是工业中广泛应用的工程材料。原则上,各种钢丝都可以用于热喷涂。常用的喷涂钢丝有碳钢丝、合金钢丝、不锈钢丝等。随着碳含量的增加,钢的韧性和塑性降低,硬度和强度提高,耐磨性增大。当钢中的铬元素含量超过12%后,耐腐蚀性能显著提高。钢丝可用于加工超差零件尺寸恢复,制备耐磨涂层,不锈钢丝可用于喷涂耐蚀涂层。

由于钢在高温火焰中容易氧化,采用丝材火焰喷涂时应采用弱碳化焰或中性焰,不能用氧化焰。采用电弧喷涂时,合金元素特别是碳的烧损较大,选材时应予注意。

(1)低碳钢丝

碳的质量分数为 0.1% ~ 0.25% 的碳钢丝为低碳钢丝。其涂层易于切削加工,价格低,比同类材质的整体碳钢件耐磨性好,广泛应用于滑动磨损部件的耐磨涂层、加工超差零件修复和铸件孔隙填补。

(2)中碳钢丝

碳的质量分数为 0.25% ~ 0.65% 的碳钢丝为中碳钢丝。材料来源广,价格便宜,其涂层具有一定的硬度,容易切削加工,比相同硬度值的整体中碳钢具有更好的抗黏着磨损能力,适用于轴类零件的喷涂修复。

(3)高碳钢丝

碳的质量分数为 0.65% ~ 0.95% 的碳钢丝为高碳钢丝。材料来源广,价格便宜,其涂层具有相当高的硬度,耐磨性好,可以进行切削加工,最好进行磨削加工。广泛应用于喷涂各种轴类零件的耐磨涂层。

(4)碳素工具钢丝

碳的质量分数为 0.95% 以上的碳钢丝为碳素工具钢丝,其涂层具有高硬度和高耐磨性,其耐磨性超过碳素工具钢淬火后的耐磨性。涂层可以用硬质合金刀具或陶瓷刀具切削,最好进行磨削加工。涂层的收缩率比低碳钢涂层小,因此涂层可以适当厚一些。应用于要求高硬度的高耐磨涂层。

(5)铬镍钼低合金钢丝

这是一种含铬、镍、钼合金元素的低碳低合金钢丝,其性能与低碳钢相近,但具有更高的强度和耐磨性,喷涂层的黏聚强度比低碳钢涂层高。涂层收缩率极小,能够喷涂厚涂层。涂层可以进行车削加工。

(6)高碳高铬不锈钢丝

这是一类高铬马氏体型不锈钢丝,以铬 13 钢为代表,具有一定的耐蚀性。由于含碳量较高,空气中冷却即能获得马氏体组织,因而具有高的硬度和耐磨性。

(7)18-8 型奥氏体不锈钢丝

这是最常用的一种耐蚀不锈钢材料,无磁性,韧性、塑性良好,耐蚀性优良,在多种腐蚀性介质中化学性能稳定,耐磨性一般,可以进行切削加工。喷涂层的收缩率大,喷涂厚涂层及内表面时应予注意。凡适用 18-8

型奥氏体不锈钢的地方,都可以采用这类钢丝喷涂耐蚀涂层。喷涂耐蚀涂层,应进行封孔处理。

铬在高温下生成的氧化铬粉尘及其蒸气对人体有害,喷涂时应带防护面具,加强喷涂场所的通风和排尘。

4. 铜及铜合金丝

铜及铜合金具有良好的导电、导热性,具有良好的塑性。除了氨以外,铜不受其他碱的腐蚀,在磷酸和氢氟酸中几乎是惰性,但在硝酸和盐酸中会发生快速腐蚀。铜及铜合金丝常被用作导电、耐蚀、装饰涂层,也可用于减摩涂层。

(1)纯铜丝

纯铜具有优异的导电性和导热性,适用于制作导电、导热和装饰涂层。

(2)黄铜丝

黄铜是铜锌合金,具有很好的强度、韧性和耐蚀性。适量加入其他合金元素,成为特种黄铜,能提高铜锌合金的强度和硬度,抑制脱锌,提高耐蚀性。

黄铜丝喷涂时,沉积速率高,涂层细密且较硬,容易切削加工。但锌黄铜喷涂时容易产生锌烧损,降低耐蚀性,形成的氧化锌烟雾有毒,应采取相应的防护措施。适合于喷涂修复黄铜工件,喷涂耐海水腐蚀涂层。

(3)铝青铜丝

铝青铜是铜和铝的合金,具有比其他青铜更高的力学性能,耐磨、耐蚀、耐寒、耐热、无磁性。

铝青铜喷涂时雾化颗粒虽然较粗大,但涂层细密,容易加工。电弧喷涂铝青铜,对铜及铜合金基体的结合强度高,表现出自结合性能,且涂层有良好的抗热冲击性及抗氧化性。适合于各种青铜工件的喷涂,也可用作电弧喷涂 Cr13 钢涂层的黏结底层。

5. 钼丝

钼是一种难熔金属,熔点为 2 615 ℃,是热和电的良导体,热膨胀系数低,在边界润滑条件下,有很好的耐磨性能。

钼在常温下呈化学惰性,200 ℃开始氧化,400 ℃时迅速氧化,生成的 MoO_3 急剧升华,使氧化进一步加剧。

在高于 440 ℃的温度下,钼与硫发生反应,生成 MoS_2 固体润滑剂,具有良好的自润滑性能。

在 2 000 ℃高温下,钼能与硅生成 $MoSi_2$,它在 1 500 ℃以下具有优异的抗高温氧化能力。在喷钼底层上喷涂硅,再进行扩散热处理,就可以获

得耐高温氧化的 $MoSi_2$。

钼涂层主要用作边界润滑条件下的耐磨涂层,如汽车变速器同步锥环、机床轴,特别适合于喷涂薄涂层。

在热喷涂工艺中,钼除了直接用作耐磨涂层外,最重要的作用是作自黏结底层材料。除了铜及铜合金、铬、氮化表面和硅铁外,钼和高钼合金的熔体,能够黏结到大多数金属及合金的平滑、干净的表面上,产生自黏结效应。

6. 药芯丝材

电弧喷涂的一个重要应用领域是制备耐磨涂层,要求喷涂材料有较高的合金含量和较高的硬度。但这样的材料制成丝材难度很高,甚至是根本不可能的。丝材制备上的这一限制,促进了药芯丝材的发展。药芯丝材也称为粉芯丝材、管状丝材,由金属外皮和粉芯两部分构成。金属外皮可以选用低碳钢带,也可选用其他适宜轧拔的带材如 Ni,Al,Cu,不锈钢带等。粉芯部分可根据设计需要选择各种金属合金、氧化物、碳化物、陶瓷等粉末按比例混合后作为填充物。与实心丝材相比,电弧喷涂药芯丝材不仅能方便地根据涂层成分要求来调节丝材成分,而且加工设备简单、成本低,是电弧喷涂丝材未来发展的方向。

参考文献

[1]温瑾林,耿维生,高奉周,等.新型电弧喷涂设备的研制[J].沈阳工业大学学报,1987(3):79-86.

[2]黄林兵,余圣甫,邓宇,等.电弧喷涂粉芯丝材的研究进展与应用[J].材料导报 A,2011,25(2):63-65.

[3]王士军,冯延森,李俊华,等.新型电弧喷涂设备设计[J].农机化研究,2005(4):157-158.

[4]贾焕丽,孙宏飞,李梅广,等.新型电弧喷涂粉芯丝材的现状与发展前景[J].表面技术,2005(6):4-6.

[5]张亚梅,李午申,冯灵芝,等.电弧喷涂技术的现状与发展[J].焊接,2003(10):5-8.

[6]刘松.电弧喷涂设备及其发展趋势[J].电焊机,2004(3):34-37.

[7]渠彬,朱世根,顾伟生,等.电弧喷涂技术及进展[J].机械设计与制造,2004(6):86-88.

[8]李天虎,杨军,金珠.电弧喷涂技术应用现状及发展[J].四川化工,

2005(2):12-14.

[9]白金元,徐滨士,许一,等.自动化电弧喷涂技术的研究应用现状[J].中国表面工程,2006(S1):267-270.

[10]黄国华,陈安军.电弧喷涂涂层防腐性能的研究现状和展望[J].科技创新导报,2008(20):8.

[11]刘广海.电弧喷涂技术的发展现状及其在主要工业领域的应用[J].金属加工(热加工),2008(18):26-29.

[12]薛飒,周勇,李耿.电弧喷涂线材的研究进展及应用[J].热处理技术与装备,2008(5):1-4.

[13]徐滨士,朱绍华.表面工程的理论与技术[M].北京:国防工业出版社,1999.

[14]顾兴俭,王合存.电弧喷涂长效防护涂层的发展应用和研究现状[J].硅谷,2010(2):124.

[15]杨国栋,陈均匀,李玉梅.电弧喷涂长效防护涂层的发展应用和研究现状[J].内蒙古石油化工,2010(17):17-19.

[16]刘燕,陈永雄,梁秀兵,等.基于高速电弧喷涂技术的耐磨涂层的研究进展[J].材料导报,2010(S1):44-46.

[17]秦颢.电弧喷涂丝材在我国的新进展[J].焊接,2001(12):5-7.

[18]徐滨士,马世宁,刘世参,等.电弧喷涂技术在防腐工程中的应用及进展[J].装甲兵工程学院学报,1999(1):5-9.

第8章 等离子喷涂

8.1 等离子喷涂的原理和特点

8.1.1 等离子喷涂的原理

等离子喷涂的原理如图 8.1 所示。等离子喷涂采用非转移等离子弧,电弧建立在阴极和阳极之间,等离子气体受热后从阳极喷嘴喷出,形成等离子焰流。等离子焰流在从阳极喷嘴喷出时,受到机械压缩作用、冷却压缩作用和电磁压缩作用,等离子弧的能量密度和温度显著提高,在等离子弧中心的温度最高可达 32 000 K。用惰性气体作为载气,将金属或非金属粉末送入等离子焰流中,加热到熔化或半熔化状态,并随高速等离子焰流喷射并沉积到经过预处理的基体表面,形成涂层。

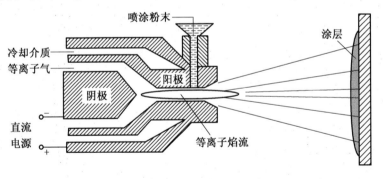

图 8.1 等离子喷涂的原理图

8.1.2 等离子喷涂的工作气体

对产生等离子弧的工作气体的基本要求是:热焓和温度高;和电极、喷嘴不起化学作用,烧损小;价格低廉,供应方便。

常用的工作气体有氩气、氢气、氮气、氦气。

1. 氩气(Ar)

氩气是单原子气体,在等离子喷涂常用工作气体中热焓值最低,价格较贵。但它的引弧性能和稳弧性能比双原子气体好,还具有良好的保护性能,是最常用的等离子喷涂工作气体。等离子喷涂时不能使用氩弧焊所用的普通氩气,而必须使用纯度为99.999%的高纯氩气。普通氩气中水分和杂质含量过高,会烧毁等离子喷涂枪。如果希望获得较高弧压,可在氩气中加入适量的氢气或氮气等双原子气体。

2. 氢气(H_2)

氢气是双原子气体,在等离子喷涂常用工作气体中热焓最高,热导率最大。一般在工作气体中只加入少量氢气(5% ~ 10%),以提高等离子弧的工作电压、功率、温度和热焓。同样,喷涂所用氢气也必须是高纯氢气。

3. 氮气(N_2)

氮气是双原子气体,具有较高的热焓值,是等离子喷涂中的常用工作气体,用于喷涂陶瓷粉末等一些不会和氮发生反应的材料,但不能喷涂在高温下容易和氮发生反应的金属和合金粉末。

4. 氦气(He)

氦气是单原子气体,热焓值较高,具有良好的保护作用。由于来源困难,成本高,很少采用。

8.1.3　等离子喷涂的特点

①可以获得各种性能的涂层。等离子喷涂时焰流温度高,能量集中,能熔化在高温下不发生分解的各种高温粉末材料。可以根据工件表面性能的要求,通过等离子喷涂相应的金属、合金、塑料、陶瓷以及复合粉末,可以获得具有各种不同性能的涂层,如耐磨、耐腐蚀、耐高温、隔热、导电、绝缘等。

②涂层孔隙率低,结合强度高。涂层孔隙率一般为1% ~ 3%,结合强度可以高达60 ~ 70 MPa。

③涂层氧化物和杂质含量少。

④工件受热小。

等离子喷涂时基体温度可以控制在250 ℃以下甚至更低,工件的热变形小,基体组织不会发生变化。

8.1.4　等离子喷涂的分类

等离子喷涂一般按照形成等离子体的介质和等离子体气氛进行分类,如图8.2所示。

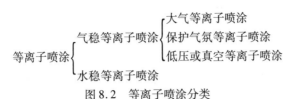

图 8.2　等离子喷涂分类

从经济性角度考虑,最重要的是大气等离子喷涂。当涂层材料不会发生氧化或一定程度的氧化无损于涂层性能时,推荐使用。当必须要避免喷涂过程中涂层材料的氧化时,就要在惰性或者保护环境下进行喷涂(惰性气体等离子喷涂(Inert-gas Plasma Spray,IPS)、真空等离子喷涂(Vacuum Plasma Spray,VPS)),甚至在水下喷涂(水下等离子喷涂(Unerwater Plasma Spray,UPS))。

等离子喷涂的另一大类是高能和高速等离子喷涂,这一类喷涂方法通常采用200 kW以上的电源,以产生高能等离子弧,可以喷涂高熔点材料,喷涂速度和沉积效率高。

8.2　等离子喷涂设备

等离子喷涂设备是由许多分立的设备和装置所组成的复杂系统,包括电源、控制系统、等离子喷涂枪、送粉器、水冷系统、气体供给装置等几个部分,如图8.3所示。附属装置包括等离子喷涂枪的运动与控制设备、喷涂部件的运动与控制设备、通风除尘装置、喷涂室等。

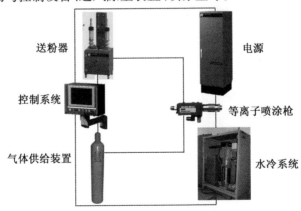

图 8.3　等离子喷涂设备组成

8.2.1 电 源

等离子喷涂的能量传递是依靠等离子弧实现的,等离子喷涂电源是等离子弧的能量来源,其工作电压和电流是影响涂层质量的重要参数。等离子弧的稳定工作对电源有一定的要求。

1. 采用直流电源

交流电在每个半周期过零时会使电弧熄灭,造成交流电弧稳定性差,电极容易烧损。因此,等离子喷涂均采用直流电源。

2. 具有陡降的外特性

通常情况下,等离子弧具有水平或下降的伏安特性,即随电流的增大,弧压基本不变或减小。根据电弧理论,恒压源无法使电弧稳定工作,只有当电源下降特性比等离子弧的伏安特性下降得更为迅速时,等离子喷涂枪才能稳定工作,这就要求电源具有陡降的外特性。陡降的外特性电源具有如下优点:

(1)使等离子弧具有很好的稳定性;

(2)在引弧或两极短路时能起到保护作用。

3. 具有一定的空载电压

等离子喷涂枪的引弧是采用高频方式进行的,当空载电压大于 60 V 时,才能引弧成功。电源空载电压高,有利于引弧和电弧的稳定性,但空载电压过高,不利于操作安全。

4. 具有良好的调节性能

等离子喷涂时对电源的电流调节性能要求比较高。为了适应各种喷涂工艺规范的要求,电源的输出电流应能在较宽的范围内进行调节。

5. 良好的动特性

等离子喷涂电源经历了二极管整流电源、可控硅整流电源、逆变电源的过程。磁放大器式的二极管整流电源的缺点是能耗高、电源外特性不易控制、体积大、成本高,现在已基本淘汰。可控硅整流电源的优点是能耗低、效率高、电流输出精度高、电源外特性好、体积小、成本低、对电网波动响应特性好、可靠性高,等离子喷涂设备被广泛采用。图 8.4 为可控硅整流等离子喷涂电源方框图。

电力电子技术的飞速发展和大功率逆变技术的不断成熟,使逆变电源的应用越来越广,也开始应用于等离子喷涂领域。相比之下,逆变电源具有以下三个突出的优点:

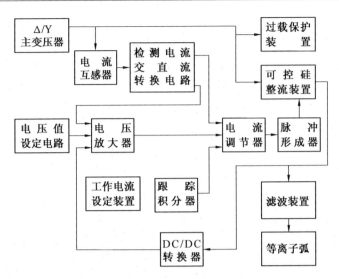

图 8.4 可控硅整流等离子喷涂电源方框图

（1）高效、节能。工频变压器整流式电源的效率一般为 50% ~ 80%，而逆变电源的效率≥85%；

（2）动态响应快，控制性能好，工作参数稳定；

（3）采用逆变电源可以显著地减小电源的体积和质量，节省材料。

图 8.5 为逆变等离子喷涂电源和传统等离子喷涂电源。图 8.6 为逆变等离子喷涂电源主电路原理图。

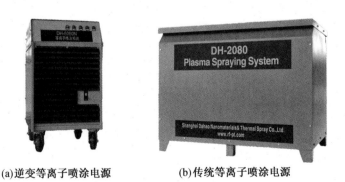

(a)逆变等离子喷涂电源 (b)传统等离子喷涂电源

图 8.5 逆变等离子喷涂电源和传统等离子喷涂电源

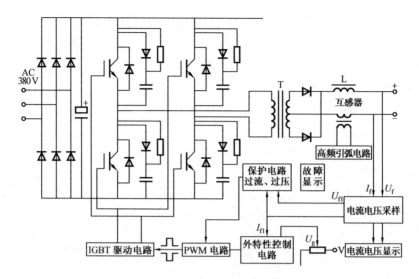

图 8.6　逆变等离子喷涂电源主电路原理图

8.2.2　控制系统

等离子喷涂是一个非常复杂的工艺过程,不仅操作过程复杂,而且与喷涂过程的稳定性和涂层质量相关的因素非常多。研究人员的统计分析结果显示,等离子喷涂涂层质量受到超过 50 个相互关联的喷涂参数的影响,要想获得最优喷涂条件非常困难。等离子喷涂动作程序如图 8.7 所示。最重要的等离子喷涂参数、它们的相互关系以及对涂层质量的影响如图 8.8 所示。

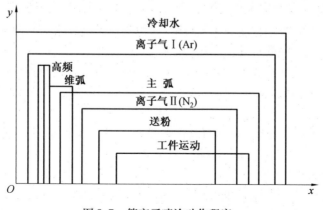

图 8.7　等离子喷涂动作程序

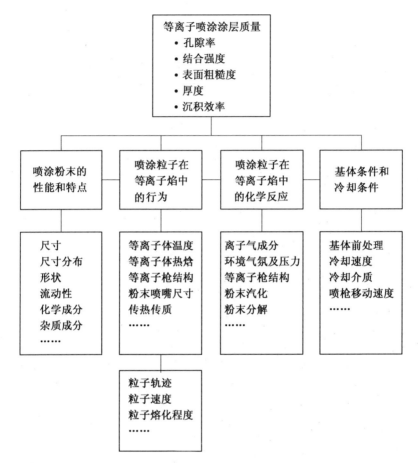

图 8.8　最重要的等离子喷涂参数、它们的相互关系以及对涂层质量的影响

对这样高复杂程度的工艺过程,简化操作和提高涂层质量的最根本途径就是实现喷涂的自动控制和智能控制。

等离子喷涂控制系统经历了继电器控制、可编程逻辑控制器(PLC)控制、计算机控制、分布式控制系统(DCS)控制的发展过程。继电器控制系统反应慢、可靠性差,目前已全部淘汰。

PLC 控制系统是一种半自动化系统,喷涂工艺动作可以按照预先编制的程序自动进行,而工艺参数的调节则靠人工进行。这种控制系统编程方便,指令简单,容易掌握;抗干扰能力强,工作可靠;价格便宜,经济实用。根据等离子喷涂工艺动作程序,按照逻辑控制原理编制程序,即可实现对等离子喷涂电源、供气、冷却系统的控制。这是 20 世纪末出产的等离子喷涂设备普遍采用的控制系统。图 8.9 所示为瑞士 PT 公司生产的 R–750C 等离子喷涂设备的控制台。

图 8.9　瑞士 PT 公司生产的 R-750C 等离子喷涂设备的控制台

20 世纪 80 年代,美国 Metco 公司在世界范围内首次推出完全由计算机控制、机器人操作的等离子喷涂设备,用于航空发动机关键部件喷涂高质量陶瓷涂层。计算机系统控制的全自动等离子喷涂系统,可以实现关键喷涂工艺参数的自动控制,有力地保证了涂层质量。

Sulzer-Metco 公司开发的 Multicoat 等离子喷涂设备,将计算机的过程再现、数据管理能力和 PLC 的抗干扰能力、稳定性相结合,将等离子喷涂设备的控制提高到了一个新的水平。

美国 PRAXAIR-TAFA 公司开发的 5500-2000 型等离子喷涂系统采用专有软件实时监测和控制等离子弧的净能量。采用净能量算法使等离子喷涂系统的闭环控制提高到一个新的水平。操作者键入优化参数后,控制模块控制整个工艺过程,监测和实时显示喷涂枪效率,使系统参数根据喷涂枪条件而作出相应调节,以维护目标等离子体能量,提供稳定的能量输出水平。

8.2.3　等离子喷涂枪

从图 8.3 中可以看出,等离子喷涂枪上集中了全部喷涂资源,水、电、气、粉全部汇集在喷涂枪上,喷涂过程中的能量转换、物质传输也都发生在喷涂枪上。可以说,喷涂枪是等离子喷涂设备中最复杂、最关键的核心部件。等离子喷涂枪的设计、选材、加工精度直接关系到涂层的质量。

1. 等离子喷涂枪的功能

等离子喷涂枪是整个喷涂装置中最重要的组成部分之一,它的功能是产生高温等离子弧,将送入其中的喷涂粉末材料加热到熔化或半熔化状

175

态,并将其高速喷射到基体表面形成涂层。

2. 等离子喷涂枪的设计要求

(1)冷却效果好

由于等离子弧的温度极高,对枪体的热流量可高达每平方厘米数千瓦,为了防止枪体被烧蚀并具有长的使用寿命,必须采用冷却水强制循环的方法对作为阳极的喷涂枪体和阴极进行冷却。良好的冷却条件也有利于对等离子弧的压缩,提高等离子焰流的喷射力。

(2)同心度高

高频引弧时,为了使钨极尖端四周产生均匀的火花放电,要求喷嘴和钨极在安装后的同心度要高。同心度偏低,容易引起喷嘴的烧损,降低其使用寿命。

(3)绝缘强度高

喷涂枪正负极之间要有良好的绝缘性能,耐压5 000 V以上,整体绝缘良好。

(4)密封好

整个喷涂枪的密封要好,使用时要不漏水、不漏气。密封件一般采用耐高温的O型密封圈。

(5)结构紧凑

整个喷涂枪的结构要紧凑,体积小、重量轻。喷嘴是易损件,要便于加工、便于更换。

图8.10为瑞士PT公司生产的F4型等离子喷涂枪的剖面图。枪的外形如图8.11所示。

3. 阴极

等离子喷涂枪的阴极通常为圆柱状,位于喷涂枪的轴线位置(图8.10)。阴极端部的几何形状对等离子弧的稳定性有很大的影响。阴极的锥角应与喷嘴的压缩角相配合,而且要适当小于喷嘴的压缩角。阴极端部的锥角有利于引弧和稳弧,但圆锥形端部过尖易于烧损,圆球形端部的阴极区太小,电弧不稳定,因此修磨端部成圆台形,既有利于引弧和稳弧,又可以减少阴极烧损。

对阴极材料的要求是:熔点高,电子发射能力强。钨的熔点为3 800 K,而它在2 000～2 500 K时就有显著的电子发射能力。但纯钨的逸出功比较大,在引弧时需要较高的空载电压;在大电流长时间工作过程中,会引起阴极的烧损。若在钨中添加少量的(2%)钍或铈,可以大大降低电子逸出功,提高电子发射能力,减少阴极烧损。由于钍的放射性较大,目前主要使用铈钨作为阴极材料。

阴极直径的选择与喷涂枪结构、允许通过的最大工作电流、冷却方式、喷嘴孔径大小等都有一定的关系。阴极直径与最大工作电流的关系如表8.1所示。由于等离子喷涂工作电流较高,阴极直径通常在8 mm以下。

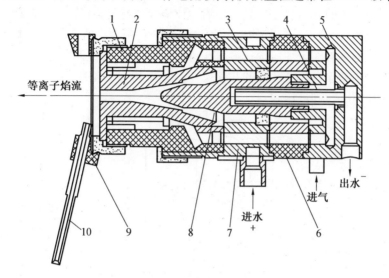

图 8.10　F4 型等离子喷涂枪剖面图

1—阳极套;2—阳极;3—气体分配器;4—冷却管;5—后枪体;

6—绝缘隔离件;7—中枪体;8—阴极;9—送粉管夹;10—送粉管

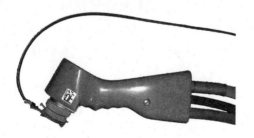

图 8.11　F4 型等离子喷涂枪外形

表 8.1　阴极直径与最大工作电流的关系

阴极直径/mm	4	5	6	8
最大工作电流/A	250	360	450	600

4. 阳极

等离子喷涂枪的阳极位于阴极前方,是和阴极同轴的筒形喷嘴。在阳

177

极喷嘴外侧采用强制循环的冷却水进行冷却。等离子弧建立后,等离子焰流从喷嘴中高速喷出。等离子弧和自由电弧最大的区别在于它受到了水冷喷嘴的压缩作用,使它的电流密度和温度有了大幅度提高,温度提高的幅度和喷嘴的压缩作用强弱直接相关。因此,等离子弧的性质在很大程度上取决于喷嘴的几何尺寸参数。喷嘴设计得合理与否,对等离子喷涂枪工作的稳定性、喷涂工艺规范的选择和喷涂枪的使用寿命等有很大的影响。喷嘴设计的关键在于如何选择喷嘴孔道的几何尺寸和冷却方式。

等离子喷涂枪喷嘴孔道的几何尺寸如图8.12所示,关键尺寸有三个:孔道直径、孔道长度、压缩角。

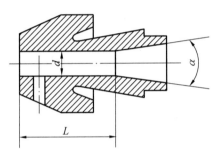

图8.12 喷嘴孔道的几何尺寸
d— 孔道直径;α— 压缩角;L— 孔道长度

（1）孔道直径 d

孔道直径越小,对等离子弧的机械压缩作用越强,因此获得的等离子焰流温度、速度越高,喷射力越强。但孔道直径过小,会降低等离子弧的最大工作电流,影响到喷涂枪的使用功率。

（2）孔道长度 L

孔道长度是压缩电弧和气体电离的区域,它是影响电弧的主要因素。但是,它的压缩作用与孔道直径有着密切的关系,一般称 L/d 为孔道压缩比。压缩比越大,电弧的压缩作用越强。不同用途的等离子枪要求不同的压缩比,一般等离子喷涂枪的压缩比大于2,而等离子粉末堆焊枪的压缩比小于1。

（3）压缩角 α

压缩角的大小直接影响等离子弧的稳定性。压缩角过大,会降低对等离子弧的压缩性能;角度过小,会增加喷嘴的轴向尺寸。在选择压缩角时,还要考虑到阴极直径的大小和端部形状以及防止阴极和喷嘴安装同心度过于敏感等方面。一般选择压缩角为30°～60°。

喷嘴的冷却效果对等离子弧的压缩效应也有很大影响,它还直接影响喷涂枪工作的稳定性和喷嘴的使用寿命。为提高冷却介质的冷却效果,喷嘴采用热导率高的高纯铜制造。

5. 等离子喷涂枪的送粉方式

送粉方式是等离子喷涂枪结构设计中的重要内容之一,可以分为枪外送粉和枪内送粉两大类。

(1)等离子喷涂枪的外送粉方式

等离子喷涂枪的外送粉方式是将送粉管安装在喷嘴端面以外,使粉末由喷嘴端面外边进入到等离子焰流的圆锥状喷射轨迹中去。

枪外送粉方式的优点:

①可适应连续等离子喷涂作业;

②缩短了喷嘴长度,有利于提高等离子焰流的热焓值;

③简化了喷嘴结构。

枪外送粉方式的缺点:

①粉末沉积效率低;

②粉末加热均匀性差。

(2)等离子喷涂枪的内送粉方式

等离子喷涂枪的内送粉方式是将送粉管安装在喷嘴内,粉末通过送粉管送入到喷嘴孔道内的等离子焰流中去。枪内送粉方式又可以分为径向送粉和轴向送粉。

枪内送粉方式的优点:

①粉末加热效果好;

②粉末沉积效率高;

③涂层结合强度高。

枪内送粉方式的缺点:

①粉末容易黏附在喷嘴孔道内壁上,不能适应连续喷涂作业;

②喷嘴的加工和安装比较复杂。

8.2.4 送粉器

送粉器是一种用以储存喷涂粉末,并能按照工艺要求连续而均匀地向喷涂枪输送粉末的装置。等离子喷涂过程能够顺利进行与送粉器的性能和质量有密切关系。

对送粉器性能的要求:

①送粉均匀;

②送粉量可调；

③重现性好；

④送粉气体呈惰性；

⑤能输送的粉末粒度范围宽；

⑥粉末容器透明。

送粉器结构形式多种多样,常用的主要有自重式送粉器、转盘式送粉器、刮板式送粉器、鼓轮式送粉器、沸腾式送粉器等几种。目前国内多采用刮板式和沸腾式两种送粉器。

刮板式送粉器如图 8.13 所示,主要由存储粉末的贮粉斗、转盘、刮板、接粉漏斗等组成。工作时粉末从贮粉斗经过漏粉孔靠自身的重力和载流气体的压力流至转盘,在转盘上方固定一个与转盘表面紧密接触的刮板,当转盘转动时,不断将粉末刮下至接粉漏斗,在载流气体作用下,通过送粉管送至喷涂枪。

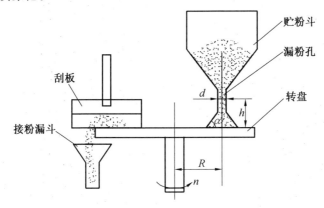

图 8.13　刮板式送粉器原理图

沸腾式送粉器是用气流将粉末流化或达到临界流化,由气体将这些流化或临界流化的粉末吹送运输的一种送粉装置,如图 8.14 所示。底部和上部的两个进气道使粉末流化或达到临界流化。中部的载流气体将流化的粉末送出。沸腾式送粉器能使气体与粉末混合均匀,不易发生堵塞;送粉量大小由气体调节,可靠方便。

图 8.15 所示为瑞士 PT 公司的 TWIN 10C 送粉器,该送粉气为转盘式送粉器。转盘式送粉器是基于气体动力学原理,其结构如图 8.16 所示,主要由粉斗、粉盘和吸粉嘴组成。粉盘上带有凹槽,整个装置处于密闭环境中,粉末由粉斗通过自身重力落入转盘凹槽,并且电机带动粉盘转动,将粉末运至吸粉嘴,密闭装置中由进气管充入保护性气体,通过气体压力将粉

末从吸粉嘴处送出,然后再经过出粉管到达喷涂枪。

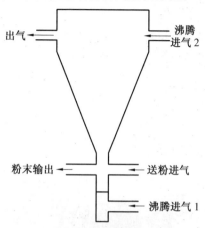

图 8.14 沸腾式送粉器

图 8.15 瑞士 PT 公司的 TWIN 10C 送粉器

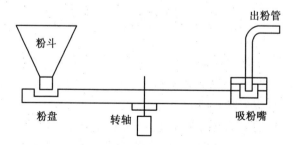

图 8.16 转盘式送粉器原理图

8.2.5 水冷系统

对等离子喷涂枪进行良好的冷却是确保等离子喷涂枪正常工作、延长其使用寿命的必要条件。等离子喷涂枪采用水冷却,要求喷涂枪的出水温度为 15～25 ℃。

为防止喷涂枪水冷壁结垢以及喷涂枪部件的腐蚀,冷却水应采用蒸馏水或去离子水,通过一个冷却水循环系统对喷涂枪进行持续不断的冷却。水冷系统主要由三个部分组成:增压泵、热交换器、储水箱,如图 8.17 所示。

图 8.17 水冷系统

8.3 等离子喷涂工艺参数

等离子喷涂工艺和电弧喷涂工艺相类似,也可以将整个过程分为三个部分:喷涂前处理、喷涂、涂层的后处理。喷涂前处理、涂层的后处理和电弧喷涂的处理过程类似,参见 7.3 节。

等离子喷涂的主要工艺参数有:喷涂电流、喷涂电压、主工作气体、辅助工作气体、送粉气体、送粉速度、喷涂枪移动速度、工件线速度、喷涂距离、喷涂角度等。

1. 喷涂电流和喷涂电压

等离子喷涂加热粉末喷涂材料采用的是水冷压缩等离子电弧,等离子弧温度高,功耗大,而且冷却水又会带走大量热量,因此在同等生产效率情况下,等离子喷涂比电弧喷涂功耗大。等离子喷涂设备的空载电压通常高于电弧喷涂设备的空载电压,其喷涂电压也远高于电弧喷涂。等离子喷涂的喷涂电压一般是不可调的,它主要取决于喷涂设备空载电压、所用喷涂枪结构、喷嘴压缩比、工作气体等因素。在喷涂时,为获得不同的喷涂功率,主要调节喷涂电流。喷涂电流的调节主要和所喷涂的粉末材料种类、粒度及所用工作气体有关。通常喷涂粉末熔点越高、粒度越大,需要越高的喷涂电流。加入高热熔的辅助工作气体,可以提高喷涂电压,相应地可以使用较低的工作电流。

2. 主工作气体和辅助工作气体

主工作气体的作用是建立等离子弧,产生高速等离子焰流,对喷涂粉末进行加热、加速,并对熔融的喷涂粉末起到保护作用。常用的主工作气体有氩气、氮气。主工作气体流量的选择以能形成高速等离子焰流的最小流量为宜,过高的气体流量只会造成不必要的浪费。工作气体流量过小,等离子焰流速度低,则熔融的喷涂粉末飞行速度低,将降低涂层结合强度。

辅助工作气体的作用是提高喷涂电压,提高等离子弧温度,以便使一些高熔点喷涂粉末,如陶瓷粉末、高熔点金属粉末等,熔化更充分。辅助工作气体一般采用高热熔的高纯氢气。

3. 送粉气体和送粉速度

送粉气体的作用是将喷涂粉末通过送粉器均匀、连续地送入等离子焰流中。要求送粉气不和喷涂粉末产生有害的化学反应,一般可以采用和主工作气体相同的气体。送粉气体压力、流量以保证从送粉管送出的粉末刚好进入等离子焰流中心为宜。送粉气流量过小,粉末不能进入焰流;送粉气流量过大,粉末将扎向焰流下方。两种情况下,粉末都不能获得充分的加热和加速,都会降低涂层质量。

送粉速度靠送粉器进行调节,它需要和等离子喷涂电流、工作气体、送粉气流量等参数相配合,以保证粉末的充分熔化和加速。

喷涂枪移动速度、工件线速度、喷涂距离、喷涂角度等参数和电弧喷涂相类似,参见7.3节。等离子喷涂的喷涂距离一般为80~120 mm。

8.4　等离子喷涂涂层的形成和结构

受表面张力的作用,被等离子焰流加热到熔化或半熔化状态的喷涂粉末颗粒外形呈圆球形。它们被高速等离子焰流加速喷射到基体表面,和基体发生撞击。颗粒由于撞击而产生巨大的变形铺展,变形铺展程度主要取决于颗粒的熔化程度和碰撞发生时颗粒的速度。颗粒熔化越充分、碰撞速度越高,则颗粒的变形铺展越充分。喷涂粉末颗粒的直径为微米量级,和基体相比,颗粒的质量要小得多,发生碰撞后,颗粒铺展变形呈薄片状,热量瞬间通过基体导走,颗粒迅速冷却凝固,如图 8.18 所示。热量传导方向与薄片垂直,薄片内部会形成沿热传导方向生长的柱状晶。由于冷却速度极高,薄片内部也可能生成非晶组织。

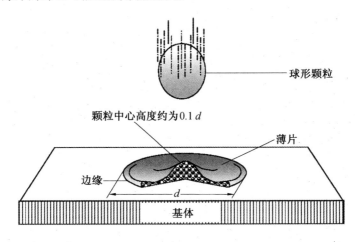

图 8.18　喷涂颗粒的变形铺展

在喷涂前,基体经过净化、粗化预处理,表面形成了一定的粗糙度,变形铺展的喷涂颗粒可以镶嵌在粗化表面上,形成机械嵌合作用,和表面结合在一起,如图 8.19 所示。由于喷涂颗粒温度非常高,基体粗糙表面的尖点在瞬时高温作用下,可能会发生局部熔化,从而形成局部微冶金结合。

不断和基体撞击、变形铺展的喷涂颗粒层层堆积而形成具有片层结构的喷涂层,如图 8.20 所示。

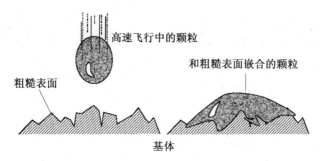

图 8.19 喷涂颗粒和基体的结合

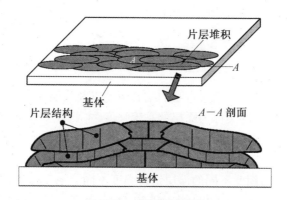

图 8.20 喷涂层的形成

图 8.21 所示为等离子喷涂的氧化钇稳定氧化锆涂层的横断面扫描电镜照片。可以看到非常明显的片层状涂层结构,以及薄片内部的柱状晶结构。

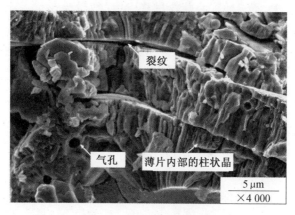

图 8.21 等离子喷涂氧化钇稳定氧化锆涂层结构

8.5 等离子喷涂涂层的性能及其检测

8.5.1 涂层外观

由于喷涂前基体进行过喷砂粗化,喷涂层又是片层状叠加结构,因此喷涂态的涂层外表为粗糙表面,粗糙度受喷涂方法、粉末粒度、喷涂工艺等因素的影响,在 $Ra\,2.5\sim38\ \mu m$ 范围内变动。等离子喷涂涂层相对比较致密,经过磨削加工后,可以获得和块体材料表面精加工后相似的光洁表面。

涂层外观用目视检查或放大镜检查,涂层外观应均匀一致,无起皮、剥落、开裂及未喷涂区。

8.5.2 涂层结合强度

涂层结合强度包括涂层自身的结合强度以及涂层和基体的结合强度。涂层自身的结合强度又称为涂层的黏聚强度,主要取决于颗粒间的结合力大小。涂层和基体的结合强度又称为黏结强度,主要由基体表面粗糙度和活化程度决定。喷涂金属涂层时,比较容易形成微冶金结合,但喷涂陶瓷涂层时形成不了,因此不同的涂层结合强度不同。空气等离子喷涂陶瓷涂层时,涂层结合强度最高也只能达到 50 MPa,而真空等离子喷涂金属涂层的结合强度可以高达 100 MPa。

涂层结合强度的测试方法如下:

1. 涂层自身的结合强度——黏聚强度

按照图 8.22 所示加工并喷涂试样,试样数量为 5 个。涂层厚度一般不小于 1.2 mm,加工后保留 1.0 mm,涂层宽度不小于 60 mm。在拉伸试验机上进行拉伸,拉伸速度不超过 1 mm/min,加载速度不超过 9.8 kN/min,直到涂层断裂。涂层的黏聚强度的计算式为

$$\sigma_b = \frac{4F}{\pi(d_2^2 - d_1^2)} \tag{8.1}$$

式中　σ_b —— 涂层的黏聚强度,N/mm^2;

　　　F —— 涂层破断最大载荷,N;

　　　d_1 —— 试件喷涂前直径,mm;

　　　d_2 —— 试件喷涂加工后直径,mm。

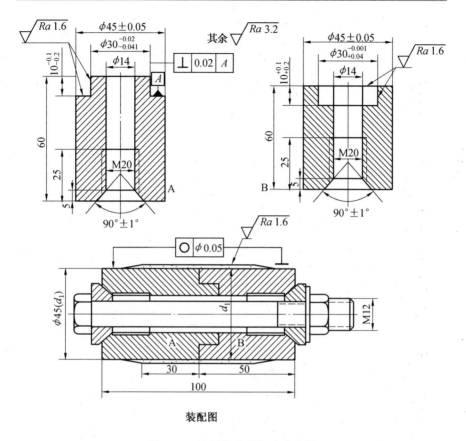

装配图

图 8.22 涂层黏聚强度试验试样

2. 涂层与基体的结合强度——黏结强度

（1）涂层拉伸结合强度

涂层拉伸结合强度是指喷涂涂层与基体界面之间沿法线方向抗拉伸应力的结合强度。试样和拉伸实验装置如图 8.23 所示。试样 A 的端面经喷砂处理后喷涂涂层厚度大于 0.8 mm，加工至 0.5 mm，最小厚度不小于 0.4 mm；试样 B 的端面经喷砂处理，然后将 A、B 试样端面涂上黏结剂，加压固化后在拉伸试验机上进行拉伸，拉伸速度不超过 1 mm/min，加载速度不超过 9.8 kN/min。试样破断时的最大载荷与涂层面积之比即为涂层拉伸结合强度。应对 5 组试样进行测试，取其算术平均值。

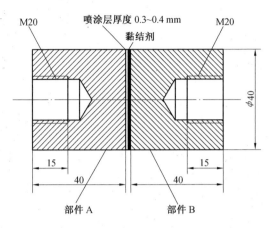

图 8.23   涂层拉伸结合强度测试试样

（2）涂层剪切结合强度

涂层剪切结合强度测试试样如图 8.24 所示。在圆柱形试棒的凸台表面喷涂涂层，磨削加工到规定尺寸。将试样放入阴模中，在万能材料试验机上沿轴线对试棒匀速施加压力，直至涂层破断，换算成单位面积上承受的剪切应力，即为涂层的剪切结合强度。

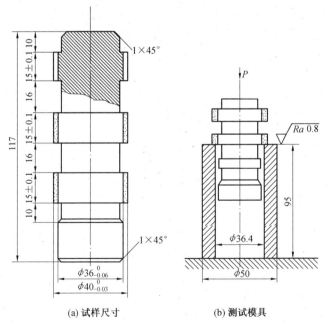

(a) 试样尺寸   (b) 测试模具

图 8.24   涂层剪切结合强度测试试样及模具

8.5.3 涂层孔隙率

热喷涂涂层的一个典型特征就是存在一定的孔隙率。依据所用喷涂方法和喷涂参数的不同,涂层的孔隙率可以低于 1% ,也可以高达 20% 以上。一般来说,颗粒熔化越充分、颗粒飞行速度越高,则涂层孔隙率越小。等离子喷涂涂层的孔隙率比电弧喷涂小,一般为 1% ~3% 。

涂层孔隙率测量用试样如图 8.25 所示。按图 8.25 加工并喷涂出圆柱形试棒,磨去多余涂层,并精磨整个圆柱面,精确称量圆柱试样的质量 G ,则

$$\rho_c = \frac{(G - \rho_s V_s)}{V_c} \tag{8.2}$$

式中　　ρ_c——涂层密度,g/cm³;

ρ_s——基体材料密度,g/cm³;

V_c——涂层体积,cm³;

V_s——基体体积,cm³。

将测定的涂层密度 ρ_c 与涂层材料的真密度 ρ_m 进行比较,即可求出涂层中的孔隙率。

$$P = \left(1 - \frac{\rho_c}{\rho_m}\right) \times 100\% \tag{8.3}$$

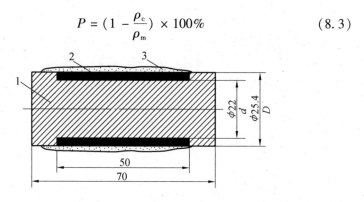

图 8.25　直接称量法测定涂层密度试样
1—试样基体;2—精加工后的涂层;3—精加工去除的涂层

8.5.4 涂层厚度

涂层厚度是热喷涂涂层的重要质量指标之一,它关系到涂层材料消耗、涂层的应力、涂层结合强度、涂层的使用寿命等。

大多数情况下,0.5 mm 厚的等离子喷涂涂层就足以对工件表面起保

护作用。由于在等离子喷涂涂层中存在较大应力,随着涂层厚度的增加,涂层发生剥落的危险性也随之增加。要增大涂层厚度,必须改变喷涂参数和冷却条件,以降低涂层中的应力。通过这种方式,可以获得几个毫米厚的等离子喷涂涂层。

涂层厚度的检测方法分为破坏式和无损式。涂层厚度破坏式测量方法主要为采用显微镜测量。涂层厚度无损测量方法分接触式测量和非接触式测量两大类。前者包括机械量具测量、传感器探头测量等,后者采用红外激光热波测量。

1. 显微镜测量

按工件喷涂的相同条件制成约 100 cm^2 的试样,沿其长边垂直切下 1~2 个显微镜观察样片,研磨抛光其断面。在断面研磨过程中,可以使用树脂镶嵌试件,以保证研磨表面与涂层表面相垂直,并防止出现毛刺及棱角磨圆的现象产生。用 20 倍目镜观察测量断面上的涂层厚度。每一断面应在 1 mm 内作 5 次等距离测定,以其平均值表示涂层的厚度。

2. 机械量具测量

采用千分尺、游标卡尺等机械量具测量经预处理后和喷涂后的工件或试样的厚度,或将涂层从试样上剥下测量其厚度,测量点不少于三处。以最小厚度或平均值表示涂层厚度。

3. 测厚仪无损测量

可以对热喷涂涂层厚度进行无损测量的测厚仪分为两种,一种是磁性测厚仪,一种是涡流测厚仪。前者适用于在磁性金属基体上喷涂的非磁性涂层;后者适用于在非磁性金属基体上喷涂的非导电涂层。应根据基体材料及涂层材料是否具有磁性或导电性选择合适的测厚仪。测量前,要使用标准涂层厚度的试样对测厚仪的零点进行校正。

8.5.5 涂层硬度

涂层硬度是热喷涂涂层的重要质量指标之一,它对涂层的耐磨性有直接影响。涂层硬度的测量必须考虑热喷涂工艺的特性和喷涂涂层的结构特性,即喷涂的高温颗粒急速冷却所产生的淬硬性,涂层硬度对喷涂工艺参数强烈的依赖性,涂层中含有孔隙、氧化物,组织结构的非均质性造成的宏观硬度和微观硬度测量的差别性等。因此,热喷涂涂层硬度的测量最好采用显微硬度或表面洛氏硬度,且测量点数应不少于 5 个,取其平均值为涂层硬度。

8.5.6 涂层耐蚀性

腐蚀条件多种多样,腐蚀条件千差万别,没有适合于所有腐蚀条件的统一的腐蚀实验方法。根据腐蚀工况的不同,模拟的腐蚀实验方法很多,包括浸泡腐蚀试验、湿热试验、盐雾试验、电化学腐蚀试验、应力腐蚀试验、晶间腐蚀试验、疲劳腐蚀试验、抗硫化物腐蚀试验、高温氧化试验等。

1. 浸泡试验

将喷有涂层的试样(封孔或不封孔处理)浸泡在腐蚀溶液中,经过一段时间后,测量其质量变化,观察其外观的改变,以评定其耐蚀性能。浸泡方式有全浸、半浸和间浸。试验温度可分为室温和加热恒温。

2. 盐雾试验

将喷涂涂层的试样以一定角度和排列方式置于盐雾箱中,以一定角度和流量,定时向箱体内喷射中性盐水的盐雾,使其充满箱体。盐雾箱内温度为(35 ± 2)℃,NaCl浓度为(50 ± 10)g/L,盐水溶液的pH值为$6.5\sim7.2$。经过一定试验时间后,测量其质量变化,观察其外观的改变,或确定开始腐蚀所需的时间,综合评价涂层的耐蚀性能。

8.5.7 涂层耐磨性

利用两个相对运动的试样在一定荷重条件下产生滑动或滚动,经过一定的时间或移动距离后,测量试样的摩擦系数、摩擦功及磨损失重,以评定涂层的耐磨性能。

8.5.8 热震性能

热震性能指以Al_2O_3,ZrO_2为主要成分的耐高温及隔热用热障陶瓷涂层的耐急冷急热的能力。测试热震性能的试验称为热震试验,也称为热冲击试验。加热试样的方法有电炉加热、氧-乙炔火焰枪加热、等离子焰加热等;冷却方法有空气冷却、强制吹风冷却、水冷却等。

8.6 等离子喷涂材料

8.6.1 对等离子喷涂材料的要求

等离子喷涂使用的材料从形状上看主要以粉末类为主。为了保证喷涂过程的顺利进行并获得良好的涂层质量,对喷涂粉末有一定的要求。

1. 粉末的形状

等离子喷涂粉末必须具有良好的流动性,以利于连续、均匀、流畅地送入等离子焰流中。等离子喷涂粉末的形状最好呈球形或近似球形。球形粉末的流动性好,有利于流畅送粉,以保证喷涂过程连续进行。球形粉末的比表面积最小,在热源温度下其表面氧化和其他杂质污染的程度比不规则粉末要小,而且各向受热均匀,有利于提高涂层的性能。

2. 粉末的粒度

粉末的粒度直接影响粉末的输送、粉末的受热状态和涂层的密度。等离子喷涂粉末颗粒直径一般为数微米到数十微米,颗粒直径小则容易熔化,但烧损也严重。粒度选择的原则是要保证粉末的沉积效率较高、涂层结合强度高。

3. 粉末的粒度分布

粉末的粒度分布指某种粉末中不同粒度粉末所占的比率。粉末粒度分布宽,在喷涂过程中会出现细小粉末烧损、大颗粒粉末熔化不充分的问题;粉末粒度分布窄,则可能提高粉末的制造成本。合理的粉末粒度分布应能保证工艺稳定、沉积率高、涂层质量好,粉末成本适中。

4. 粉末的松装密度

粉末的松装密度指粉末松装不振动时,单位容积粉末的质量,单位为 g/cm^3。松装密度是粉末体的一个综合性能,受材料的种类和成分、粉末的形状、粒度分布、粒度、粉末内含气体的量及粉末表面干燥程度等表面状态诸因素的影响。松装密度与粉末的呈球形状、材料的真密度、粉末表面干燥程度、粉末粒度分布成正比,与粒度、粉末内含气量成反比。

5. 粉末的表面质量

粉末材料有极大的表面积,粉末表面如果被氧化或有其他污染物,对涂层的质量会有不利影响。提高粉末的抗氧化能力、去除粉末表面吸附的潮气、对粉末进行还原及净化处理,都能改善涂层质量。

8.6.2 金属粉末

大部分金属及合金材料,通过适当的制粉方法都可制成粉末。由于粉末的比表面积远高于块体材料,喷涂时要特别注意防止粉末表面的过度氧化。

1. 镍及镍基合金粉末

镍及镍基合金粉末指纯镍粉末或不含硼、硅元素的非自熔性镍基粉末,或含硼、硅量较低的镍基粉末。这类粉末广泛用于等离子喷涂涂层、火焰喷涂涂层和等离子表面强化,一般不用于氧-乙炔火焰喷焊或重熔处理。

等离子喷涂中应用最广的一种镍基合金粉末是镍铬铝钇合金粉末。镍铬合金是人们熟知的耐热合金,加入铝可在高温下形成 Cr_2O_3 与 Al_2O_3 的复合氧化物薄膜,这层薄膜非常致密,韧性好,附着牢固,熔点高,高温化学稳定性好,因而具有优异的抗高温氧化性能和抗热震性能。合金中加入少量的钇,可以改善铬和铝的氧化膜结构及结合性能,还能进一步改善 Cr_2O_3-Al_2O_3 膜的韧性。镍铬铝钇合金粉末涂层可用作抗高温燃气冲蚀涂层,$800 \sim 1\ 100\ ℃$ 抗高温氧化涂层,高温热障陶瓷涂层的黏结底层。

2. 钴及钴基合金粉末

钴是一种灰白色金属,其性能与镍相似,但化学活性超过镍。故有很好的高温性能,其熔体对多种碳化物特别是碳化钨具有极好的润湿能力。钴及钴基合金属稀贵金属,一般限制使用。

钴铬铝钇合金粉末的性能与镍铬铝钇合金粉末相似,但使用温度更高,与基体结合强度更高,是迄今为止使用温度最高、高温综合性能最优异的合金粉末。

3. 铁基合金粉末

用于热喷涂的铁基合金丝材,均可采用适当的制粉方法制成铁基合金粉末用于等离子喷涂。铁基合金粉末的比表面积远高于丝材,在高温下容易发生氧化,另外等离子喷涂的成本比电弧喷涂高得多,因此铁基合金很少采用等离子喷涂方法喷涂。

8.6.3 陶瓷粉末

现代陶瓷的定义是:由金属元素和非金属元素或单质组成的具有共价键、离子键或混合键结合特性的晶态或非晶态无机非金属材料的总称。它既包括各种氧化物、复合氧化物和各种硅酸盐,还包括碳化物、硅化物、氮化物、硼化物、金属间化合物。现代还把金属陶瓷,单质无机材料如金刚石、石墨和单晶硅等归入陶瓷范畴。

由于原子间是通过共价键、离子键等强键结合的,陶瓷材料普遍具有硬度高、耐磨、耐蚀、熔点高、绝缘性能好的特点,在磨损、腐蚀、隔热、绝缘领域应用广泛。由于陶瓷材料不导电、熔点高,使得火焰喷涂、电弧喷涂都不适于制备陶瓷涂层,而等离子喷涂则是陶瓷涂层喷涂的理想工艺方法。

用于等离子喷涂的陶瓷粉末种类繁多,几乎涉及所有的陶瓷材料。本节仅简单介绍几种常用的陶瓷粉末材料。

1. 氧化铝(Al_2O_3)基陶瓷粉末材料

氧化铝类陶瓷是陶瓷材料家族中最重要、应用最广泛的一类陶瓷,也是等离子喷涂中最常用的一类氧化物陶瓷材料。这类材料的共同特征是:熔点高、硬度高、刚性大、化学性能稳定、绝缘性能高、热导率低、膨胀系数小、延展性差、脆性大。

纯氧化铝涂层的孔隙率较高,韧性差。通过与具有较小离子半径的其他金属氧化物形成固溶体陶瓷氧化物,可以衍生出一系列以 Al_2O_3 为基体的复合氧化物陶瓷,包括 Al_2O_3-TiO_2,Al_2O_3-SiO_2,Al_2O_3-Cr_2O_3,Al_2O_3-MgO,Al_2O_3-ZrO_2,Al_2O_3-玻璃料等。

(1)纯氧化铝粉末

纯氧化铝粉末为白色粉末结晶体,共有 7 种晶型,分为无水氧化铝和含结晶水的氧化铝。含结晶水的氧化铝不能用作等离子喷涂材料。无水氧化铝有 α-Al_2O_3,β-Al_2O_3 和 γ-Al_2O_3 三种晶型。等离子喷涂用氧化铝粉末通常采用电熔刚玉制造。电熔刚玉分为白刚玉和普通刚玉两种,其晶体为稳态 α-Al_2O_3。白刚玉的 Al_2O_3 质量分数大于 98%,适合做耐高温涂层、绝缘涂层等。而普通刚玉的 Al_2O_3 质量分数为 91% ~97%,用作耐磨涂层,可以降低材料成本。α-Al_2O_3 在涂层冷却过程中将转变为介稳态的 γ-Al_2O_3。

氧化铝陶瓷硬度高且摩擦系数低,具有优异的耐磨、耐冲蚀性能;熔点高、高温化学性能稳定,热导率低,是仅次于氧化锆的耐高温热障陶瓷涂层材料;电阻率高,介电常数大,是常用的高性能陶瓷绝缘涂层材料。氧化铝属中性氧化物,化学性能稳定,耐大多数酸、碱、盐的腐蚀。纯氧化铝涂层的孔隙率较高,韧性差。

(2)氧化铝-氧化钛复合粉末

TiO_2 的熔点比 Al_2O_3 低,硬度也比 Al_2O_3 低,熔融 TiO_2 对钢、钛、铝等金属基体的润湿性比熔融 Al_2O_3 更好,因此 TiO_2 的加入有利于提高 Al_2O_3 涂层和基体材料的结合强度,提高涂层中 Al_2O_3 颗粒之间的黏聚强度,从而提高涂层的力学性能。含 TiO_2 的氧化铝涂层和纯氧化铝涂层相比,具有更好的韧性和抗冲击性能,更高的结合强度,并且随着 TiO_2 含量的增加,涂层孔隙率下降,致密性增加。

Al_2O_3-TiO_2 复合粉末包括:Al_2O_3-3% TiO_2,Al_2O_3-13% TiO_2,Al_2O_3-20% TiO_2,Al_2O_3-40% TiO_2 和 Al_2O_3-50% TiO_2 等几个品种。

Al_2O_3-3%TiO_2是氧化铝中掺有质量分数为2.5% ~ 3.0%氧化钛的复合粉末。这种粉末喷涂的涂层呈浅灰色,因此又称为灰色氧化铝粉末。Al_2O_3-3%TiO_2粉末喷涂出的涂层和纯氧化铝涂层相比,致密性提高,孔隙率降低,韧性提高,电绝缘性增大,耐热温度略有降低,硬度略有降低,但耐磨性有所提高。可用作常温下耐低应力磨料磨损涂层、耐硬面磨损涂层、耐冲蚀涂层、耐气蚀涂层、耐纤维磨损涂层、耐熔融金属侵蚀涂层、耐熔渣侵蚀涂层等。

Al_2O_3-13%TiO_2是目前应用最广的一种复合氧化物陶瓷粉末材料。熔体破碎型粉末属固溶体型复合氧化物,耐蚀性能优异,韧性高;团聚型复合粉末喷涂后TiO_2嵌合在Al_2O_3颗粒之间的孔隙中,显著提高了Al_2O_3涂层的致密性、耐蚀性及与基体的结合强度,在应力和磨料的作用下不易产生颗粒剥落现象,能加工出非常好的表面光洁度,表现出非常高的耐磨性能。喷涂过程中,由于TiO_2在等离子焰流中还原失氧变成TiO_{2-x},涂层呈黑蓝色。用于540 ℃以下的耐低应力磨料磨损涂层、耐黏着磨损涂层、耐腐蚀磨损涂层、耐冲蚀涂层、耐腐蚀涂层等。

Al_2O_3-20%TiO_2是Al_2O_3-13%TiO_2复合粉末的改进型品种。由于组分中TiO_2含量提高,涂层更致密,涂层韧性和结合强度也有所提高,抗化学介质腐蚀的能力提高。但涂层的硬度略有降低,耐磨性略有下降,电绝缘性能明显下降。涂层颜色和Al_2O_3-13%TiO_2涂层相似,呈黑蓝色。主要用于540 ℃以下的耐强酸以外的化工介质腐蚀磨损、耐海水腐蚀磨损、耐化纤及纱线磨损涂层。

Al_2O_3-40%TiO_2和Al_2O_3-50%TiO_2中TiO_2含量高,而TiO_2的熔点比Al_2O_3低,与钢、钛、铝等基体材料黏结性极好,因此其涂层非常致密,和基体结合强度高,"韧性"好。由于TiO_2属酸性氧化物,因此用这种复合粉末喷涂的涂层更耐酸性介质和含硫气体的腐蚀,能耐除强无机酸之外的大多数化工介质的腐蚀。这种涂层的硬度由于TiO_2含量高而有所下降。但这种涂层的显微结构近似于在硬度较低的TiO_2基相中弥散分布着大量的高硬度的Al_2O_3颗粒,类似于金属基体中的弥散强化结构,具有很好的耐黏着磨损、腐蚀磨损性能。涂层呈深黑色,热辐射系数大,可用作红外和远红外辐射涂层。

(3)Al_2O_3-SiO_2复合粉末

在Al_2O_3中加入强酸性氧化物SiO_2,使涂层具有优异的耐酸性能。SiO_2的加入,使粉末的熔点显著降低,孔隙率大大降低,涂层十分致密。这一类材料包括富铝红柱石粉末、莫来石粉末、耐火泥料粉末等。

富铝红柱石是由 Al_2O_3 和 SiO_2 组成的酸性耐火材料,涂层呈粉红色,十分致密。具有优异的耐腐蚀性,特别是耐酸腐蚀性非常好,能耐大多数酸的腐蚀,不耐碱液腐蚀。耐多种金属熔体的高温侵蚀和酸性炉渣的腐蚀。涂层硬度高,耐摩擦磨损性能优异,特别适合于酸性介质腐蚀磨损条件下使用。耐高温、耐急冷急热性较好。是优良的电绝缘材料,介电强度高,可制备绝缘涂层。富铝红柱石粉末可用于制备耐酸性化学介质腐蚀、耐大多数盐类和有机溶剂腐蚀磨损涂层,用作耐大多数熔融金属侵蚀和耐酸性炉渣腐蚀涂层,如用作熔炼钢、铜、铝等金属用的炉衬和坩埚内衬涂层。

2. 氧化锆(ZrO_2)基陶瓷粉末

氧化锆是一种白色晶体粉末,属偏酸性氧化物。熔点高达 2 760 ℃,热导率低,耐高温燃气腐蚀,在高温氧化性气氛和略带还原性气氛的高温气体中性能稳定,是最好的热障涂层材料。

但是,纯氧化锆不能用作热障涂层材料,因为在高温下氧化锆的晶型转变伴随着较大的不可逆体积变化,形成很大的热应力,会造成涂层剥落。随着温度升高,ZrO_2 晶体会出现不同的晶型:常温 ~ 1 000 ℃ 为 β-ZrO_2 单斜晶体;超过 1 000 ℃ 逐渐转变为四方晶体 α-ZrO_2;超过 1 150 ℃ 则完全转变为四方晶体。继续升高温度到约 1 300 ℃,ZrO_2 晶体仍为四方晶体,但体积不但不随温度升高而膨胀,反而发生显著收缩。单斜晶体 β-ZrO_2 转变为四方晶体 α-ZrO_2 时,产生大约 7% 的体积收缩。从 1 300 ℃ 高温冷却时四方晶体 α-ZrO_2 先是收缩,温度降到 1 000 ℃ 左右,发生四方晶体向单斜晶体的晶型转变,伴随超过 7% 的体积膨胀。每次加热冷却过程中 ZrO_2 发生的体积变化是不可逆的,如图 8.26 所示。这样,ZrO_2 在加热、冷却的不断循环的工况条件下,每一循环的不可逆体积变化会发生积累,形成很大的热应力,使涂层发生开裂和剥落。

通常要在氧化锆中加入一定量的稳定剂,形成稳定或部分稳定氧化锆,才能用作热障涂层材料。常用的稳定剂有 CaO,MgO,Y_2O_3 等。

(1)氧化钙稳定的氧化锆粉末

CaO 具有立方晶体结构,掺入 ZrO_2 晶体中,能使 ZrO_2 的晶型由单斜晶系转变为稳定的立方晶系。CaO 的掺入量有 5%,6%,8%,10%,15%(质量分数)。氧化钙稳定的氧化锆涂层硬度适中,韧性较好,气孔率较高,热导率低,因而具有优良的耐高温、绝热和抗热震性能。但氧化钙稳定的氧化锆涂层若长期或周期性地暴露于 1 093 ℃ 以上的温度环境中,CaO 有扩散出稳定化 ZrO_2 晶体之外的倾向,限制了氧化钙稳定的氧化锆涂层的最高使用温度。这种涂层通常用于 845 ℃ 以上、1 093 ℃ 以下高温使用的耐高

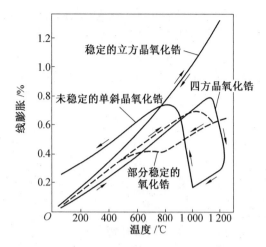

图 8.26 加热冷却过程中 ZrO_2 发生的晶型转变和体积变化过程

温、热障、抗燃气冲蚀涂层,如火箭火焰喷管、火箭发动机燃烧室、内燃机燃烧室、燃气轮机热流部件等喷涂耐高温燃气冲蚀和热障涂层。

(2)锆酸镁($MgO- ZrO_2$)复合氧化物粉末

氧化镁是一种高熔点的碱性氧化物,熔点高达 2 820 ℃,比 ZrO_2 的熔点还高。硬度适中,高温电阻率高,是性能优异的高温绝缘材料。和 CaO 一样,MgO 也具有立方晶体结构。MgO 掺入 ZrO_2 晶体中,也能使 ZrO_2 的晶型由单斜晶系转变为稳定的立方晶系。当 MgO 的掺入量为 20% ~30% 时,ZrO_2 晶体能在不同温度下特别是高温热循环时保持晶型稳定。锆酸镁($MgO- ZrO_2$)具有优异的耐高温性能,抗热震、低热导率、高绝热性,高温化学性能稳定,耐高温燃气冲蚀,耐多种金属熔体和碱性炉渣侵蚀。可用作耐高温、耐热震、高温热障、抗高温燃气冲蚀涂层,抗熔融金属和碱性炉渣侵蚀的保护涂层。

(3)氧化钇稳定氧化锆(YSZ)粉末

Y_2O_3 是重稀土金属元素钇的氧化物,熔点高达 2 410 ℃,在高温氧化性气氛和还原性气氛中化学性能都十分稳定。用 Y_2O_3 作为稳定剂掺入 ZrO_2 晶体中,能使 ZrO_2 在高温下形成稳定化或半稳定化的晶体结构。当 Y_2O_3 的掺入量为 8% ~18% 时,形成半稳定化的晶体,既由单斜晶体和立方晶体混合结构组成的晶体。这种晶体结构在高温条件下,单斜晶体转变为四方晶体并伴随体积收缩,而立方晶体则随温度升高而体积膨胀,收缩与膨胀相互抵消,从而使部分稳定的 ZrO_2 平均热膨胀系数比完全稳定的 ZrO_2 的更低,且其热膨胀系数又与高温合金比较接近,因而在热循环中热应力较小,具有优异的抗热震性能。YSZ复合氧化物的等离子喷涂涂层,呈白色到淡黄色,在高温下长期使用其化学稳定性和热稳定性能均优于CaO稳定ZrO_2和MgO稳定ZrO_2涂层,具有优异的综合热力学性能,用于845~1 650 ℃高温使用的耐高温、抗燃气冲蚀热障涂层。

3. 氧化铬(Cr_2O_3)陶瓷粉末

Cr_2O_3是一种墨绿色粉末,有金属光泽,属中性氧化物。Cr_2O_3具有优异的耐蚀性能,化学性能十分稳定,不溶于酸、碱、盐及各种溶剂,耐含H_2S,SO_2等腐蚀性气体的高温冲蚀。Cr_2O_3硬度很高,摩擦系数小,容易磨削、抛光到极高的表面光洁度,是优异的抗腐蚀磨损、黏着磨损的涂层材料。用作540 ℃以下耐磨料磨损及冲蚀磨损涂层,250 ℃以下化学介质中使用的零部件的抗腐蚀磨损涂层。Cr_2O_3具有磁性,可用作高级磁头的高耐磨磁性材料涂层。

4. 碳化钨(WC)粉末

WC是制造硬质合金的主要原料,也是热喷涂领域制造高耐磨涂层的重要原料粉末。

WC的硬度高,特别是其热硬度最高。它能很好地被Co,Ni,Fe等金属熔体润湿,采用Co,Ni等金属作为黏结相材料形成硬质合金粉末,可以制造热强性、红硬性、耐磨性均很好的耐磨涂层。

5. 碳化铬(Cr_3C_2)粉末

Cr_3C_2的常温硬度和热硬度都很高,与Co,Ni等金属的润湿性好,在金属型碳化物中抗氧化能力最高。和WC一样,Cr_3C_2也主要用于制造金属陶瓷复合粉末。

8.6.4 其他粉末

1. 塑料粉末

塑料是指室温下处于玻璃态的高分子聚合物,分为热塑性塑料和热固性塑料两大类。

塑料的优点包括:

①抗化学腐蚀性能优异;

②比重轻,塑料的密度一般为0.85~2.2 g/cm^3;

③摩擦系数低,具有优异的减摩和自润滑性能;

④绝缘性能好。

塑料的缺点包括:

①容易发生老化；

②热膨胀系数大，尺寸稳定性差；

③导热系数小，仅为钢材的 1% 左右；

④不同塑料相互摩擦时容易产生静电。

2. 复合粉末

复合粉末是指由两种以上性质不同的固相物质颗粒经机械结合，而不是经合金化而形成的粉末颗粒。

（1）自黏结复合粉末

自黏结复合粉末在喷涂热源的高温中能够发生化学反应，生成金属间化合物，并释放出大量的热，对基体表面薄层进行补充加热，可使基体表面局部微区达到熔融状态，使喷涂粒子和基体表面形成微区冶金结合。

①镍铝复合粉末。镍铝复合粉末，其每个颗粒都由微细的镍粉和铝粉组成。喷涂过程中，铝和镍产生剧烈的铝热反应，生成铝化镍金属间化合物，释放出大量的热，高温喷涂粒子能与基体产生微区冶金结合。而且涂层表面十分粗糙，是喷涂其他涂层的理想粗化表面。镍铝复合粉末喷涂层的热膨胀系数为 $12.6 \times 10^{-6}/K(25 \sim 535 \ ℃)$，与大多数钢的热膨胀系数相近，因此这种涂层也是一种理想的中间过渡涂层。

用镍铝复合粉末喷涂的涂层十分致密，孔隙率低，气密性好，具有良好的抗高温、耐氧化性能，韧性好，抗冲击能力强，具有一定的耐磨性。

镍铝复合粉末可用作下列基体材料的黏结底层材料：各种碳钢、不锈钢、合金钢、铸铁、镍铬合金、蒙乃尔合金、铝、镁等。不适用于作铜合金、钼、钨基体表面的黏结底层。利用涂层对多种熔体的不润湿性，可用于熔炼坩埚、钎焊夹具等表面的防粘、耐熔体侵蚀涂层。

②镍铬铝复合粉末。镍铬铝复合粉末是在 NiCr 耐热合金粉末基础上发展起来的自黏结抗高温氧化复合粉末，结构为铝包镍铬型。这种材料的产热比镍铝复合粉末更剧烈，涂层的结合强度更高。

铬、铝均为强氧化物形成元素，生成的 Cr_2O_3，Al_2O_3 膜致密、坚韧，化学性能稳定，可以阻止外部的氧对涂层的进一步氧化。因而这种涂层具有优异的抗高温氧化能力，是高温陶瓷涂层的自黏结底层材料。

③一步法自黏结复合粉末。一步法自黏结复合粉末的喷涂层同时具有自黏结底层的高结合强度和表面涂层的性能。其特点是：

a. 与基体表面有高的结合强度，涂层致密，孔隙率低；

b. 简化了涂层设计；

c. 满足多功能需要；

d. 操作方便,喷涂工艺容易控制,涂层性能的再现性好;

e. 涂层加工性能好。

(2) 硬质耐磨复合粉末

用硬度很高的陶瓷、金属陶瓷粉末颗粒作硬质相,用强韧的金属或合金粉末作黏结相或包覆材料,采用不同的组分和配比,可以制成不同系列硬质耐磨复合粉末。一般随着包覆相的增加,涂层韧性提高,耐磨性能降低。

这种粉末的喷涂层,其组织结构为强韧的金属或合金涂层基相中弥散分布硬质相的颗粒,因而具有优异的耐磨粒磨损、抗冲蚀、耐微震磨损等功能,是一种非常理想的耐磨涂层材料。

(3) 减摩自润滑复合粉末

减摩自润滑复合粉末是采用低摩擦系数、具有自润滑性能的软质材料颗粒,如石墨、MoS_2、CaF_2、聚四氟乙烯等,作芯核材料,用对芯核有良好润湿能力的金属进行包覆制成的。

这种粉末喷涂层的优点是:

① 能在超低温和高温下使用,不存在润滑油在高温下会燃烧、低温下则凝固的问题;

② 可以在高真空环境使用;

③ 适用于热水、有机溶剂等液体介质,不会出现乳化、污染产品等问题;

④ 简化设计,免除复杂的油润滑系统;

⑤ 承载能力强,防低速爬行性能良好。

(4) 可磨耗密封与间隙控制复合粉末

这类粉末是采用松软、轻质、易碎或易刮削的非金属颗粒作芯核,用对芯核有良好润湿能力的金属进行包覆制成的,如镍包石墨、镍包硅藻土等。

将这种复合粉末喷涂于壳体上,可以使高速旋转的叶片与壳体之间获得理想的流动间隙,提高整机效率,降低能耗,延长使用寿命。

(5) 摩阻复合粉末

摩阻复合粉末是用高硬度、高摩擦力、耐热的陶瓷或硬质合金颗粒与导热性好、强度高的金属粉末及少量固体润滑剂团聚复合而成的。这种粉末喷涂层具有典型的金属陶瓷结构,具有金属制动材料和非金属制动材料的综合优点,如强度高、导热性好、硬度高、摩擦力大等。

8.7 其他等离子喷涂方法

尽管等离子喷涂已经获得了广泛应用,但常规空气等离子喷涂还有一定的局限性,等离子喷涂技术还在不断地进步,一些为满足特定需求而开发的新型等离子喷涂方法和工艺在不断涌现和发展。

8.7.1 超音速等离子喷涂

超音速等离子喷涂是指在传统等离子喷涂基础上,通过对等离子气体进一步加速从而获得高能量密度等离子弧,可获得数倍于音速的超音速等离子体射流来进行喷涂的方法。当喷嘴直径为 5~8 mm,气体流量为 50~75 L/min 时,传统等离子喷涂的焰流速度为 300~800 m/s,粉末颗粒飞行速度为 130~220 m/s。而超音速等离子喷涂的焰流速度可达 2 400 m/s,粉末颗粒飞行速度可达 400~800 m/s。超音速等离子喷涂由于速度快,喷涂粉末颗粒在射流中停留时间缩短,熔融或半熔融粒子撞击基体时的动量增大,能量转换效率高,熔滴铺展充分,涂层薄片有效结合增加,涂层结合强度、致密性和孔隙率都有所改善。

8.7.2 微束等离子喷涂

传统等离子喷涂设备功率大,喷涂时对基体的热影响大,不适合于薄壁件和微小零件的喷涂。20 世纪 90 年代乌克兰巴顿焊接研究所开发了微束等离子喷涂设备,如图 8.27 所示。

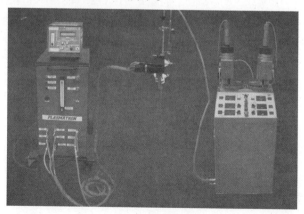

图 8.27 微束等离子喷涂设备

和传统等离子喷涂相比,微束等离子喷涂的主要特点如下:

(1)设备功率小。传统等离子喷涂设备功率通常在几十千瓦以上,甚至高达数百千瓦。而微束等离子喷涂设备功率为 1~4 kW,较低的设备功率使得喷涂过程能耗降低,对基体热输入减小,适合于薄壁件和微小零件的喷涂。

(2)设备体积小,质量轻。传统等离子喷涂设备由于消耗功率大,目前仍广泛采用可控硅整流电源,设备体积庞大,质量大,不方便移动,不适合于进行现场喷涂。而微束等离子喷涂设备功率小,从诞生之初就采用逆变电源技术,更进一步减轻了重量,缩小了体积。轻便的设备可以任意移动,使得微束等离子喷涂可以方便地进行现场施工。

(3)喷涂束斑小。传统等离子喷涂束斑直径为几十毫米,无法进行精细结构喷涂。而微束等离子喷涂束斑直径仅为 3~5 mm,在喷涂精细结构时非常具有优势。

(4)涂层纯度高,结晶度高,可以获得高孔隙率涂层。

8.7.3　低压等离子喷涂

在大气等离子喷涂过程中,当喷涂距离为 100 mm 时,卷入到等离子体中的大气量约占 90%,非常容易导致金属和金属陶瓷涂层材料的氧化。在这种条件下喷涂出的一些易氧化材料的涂层,无法满足使用要求。为了克服喷涂过程中空气的干扰,低压等离子喷涂(Low Pressure Plasma Spray,LPPS)技术获得了较快发展。

低压等离子喷涂又称为真空等离子喷涂,是一种利用非转移型等离子弧热源在一定的真空度下和可控制的喷涂气氛中,将被喷涂材料加热到熔化或半熔化状态并喷涂到基体工件上形成涂层的技术。

低压等离子喷涂系统和传统的大气等离子喷涂系统的最主要区别是配有真空系统,如图 8.28 所示。低压等离子喷涂过程如图 8.29 所示。

图 8.28　瑞士 Advanced Materials Technology 公司的真空喷涂系统

图 8.29 低压等离子喷涂过程

和大气等离子喷涂相比,低压等离子喷涂具有以下特点:

(1)消除了氧化、氮化及其他污染,能够制备纯净的金属材料涂层及复合涂层。

(2)可以利用氩离子溅射清洗技术对工件进行清洗,去除表面污染物,提高结合强度。

(3)喷涂过程在真空中进行,可以获得更长的等离子焰长度,更高的焰流速度和更高的粒子速度,提高涂层结合强度。

(4)消除了噪声和辐射污染。

低压等离子喷涂的缺点主要是设备昂贵,运行成本高,另外,工件尺寸受真空室空间的限制。

低压等离子喷涂的动态工作压力为 5 000~8 000 Pa,涂层组织与大气等离子喷涂基本相同,呈片层状堆积结构。

在传统低压等离子喷涂基础上,Sulzer Metco AG 和法国蒙贝利亚-贝尔福特技术大学 LERMPS 实验室又开发了超低压等离子喷涂。Sulzer Metco 公司将其称为 LPPS-TF。超低压等离子喷涂在原有的低压等离子喷涂基础上,采用大流量真空泵,使真空室内动态工作压力降到 100 Pa 以下进行喷涂。喷涂采用直流大功率等离子喷涂枪,垂直方向喷射。在低压条件下,高温、高焓值等离子射流轴向拉长,径向膨胀。大气条件下长 10~30 mm、直径 10~15 mm 的等离子射流,在 100 Pa 下可以拉长到 2 000 mm,直径方向膨胀到 200~300 mm。由于大功率等离子喷涂枪的加热,加上超低压环境,促进了粉体材料的蒸发,部分粉体被气化,在等离子射流中出现了气-液两相流。喷涂涂层的形成为液-固凝固与气-固沉积的混合,涂层的结构明显区别于传统的大气等离子喷涂,而制备涂层的速度则远远高于传统的 PVD 方法。例如 Sulzer Metco AG 利用该技术制备了图 8.30 所示的类柱状晶结构 YSZ 热障涂层。

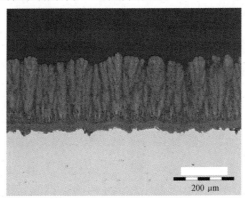

200 μm

图 8.30　超低压等离子喷涂的类柱状晶结构 YSZ 热障涂层

超低压等离子喷涂制备的类柱状晶涂层与 EB-PVD 技术制备的柱状晶热障涂层有着相似的性能。初步研究表明,类柱状晶涂层的热导率甚至要低于 EB-PVD 柱状晶热障涂层,而抗热震性则要优于 EB-PVD 柱状晶涂层。从热导率和耐热震性,以及涂层的制备速度,超低压等离子喷涂制备类柱状晶结构的热障涂层有着非常大的发展潜力。

8.7.4　感应等离子喷涂

感应等离子喷涂(Inductive Coupled Plasma Spray,ICPS)使用的等离子喷涂枪是射频耦合等离子炬,等离子体不是由阴阳极之间的电弧放电产生的,而是由射频电磁场产生的,等离子焰流温度梯度小,对喷涂粉末加热温和,如图 8.31 所示。而且由于没有产生于钨极和喷嘴之间的电弧,感应等离子喷涂不存在来自于电极的金属污染,这对于医疗应用和对金属敏感的氧化物基高温超导体非常重要。

图 8.31　射频耦合等离子炬

感应等离子喷涂原理如图 8.32 所示。和常规等离子喷涂不同,感应等离子喷涂的喷涂粉末是从轴向送入等离子体中的。

感应等离子体的特点是体积大、速度低、能量密度低,可以给喷涂粉末颗粒更长的加热时间,大约为 10～25 ms,而不是像常规等离子喷涂,只有 0.5～1.0 ms。因为没有电极,感应等离子喷涂可以采用惰性气氛、还原气氛或氧化性气氛进行喷涂,真空室压力可以从 6 000 Pa 直到一个大气压。典型的真空感应等离子喷涂系统如图 8.33 所示。

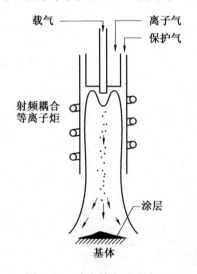

图 8.32 感应等离子喷涂原理

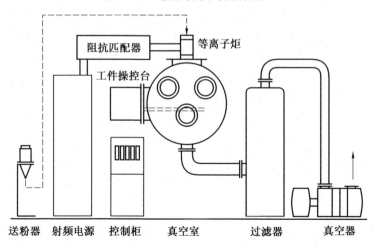

图 8.33 真空感应等离子喷涂系统

8.7.5 液相等离子喷涂

传统的大气等离子喷涂(APS)所用粉末尺寸通常为 10~100 μm,采用传统的大气等离子喷涂无法进行纳米粉末喷涂。第一,纳米粉末比表面积大,易发生团聚,无法流畅送粉;第二,纳米粉末质量小,惯性小,无法穿透等离子焰流进入其心部。这样的限制决定了大气等离子喷涂的最小涂层厚度很难小于 10 μm,几个颗粒叠加上去就可以达到这个厚度。

采用液相等离子喷涂就可以解决这一问题。液相等离子喷涂的特征就是喷涂材料不再是固体粉末,而是液相材料。所用液相喷涂材料可以是溶胶(粉末分散在溶剂中),也可以是溶液。前一种称为悬浮液等离子喷涂(Suspension Plasma Spray,SPS),后一种称为液相喂料等离子喷涂(Solution Precursor Plasma Spray,SPPS)。液相等离子喷涂枪结构如图 8.34 所示。液相等离子喷涂原理如图 8.35 所示。

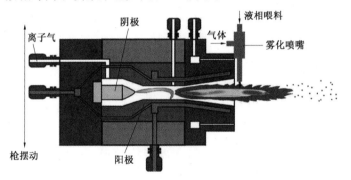

图 8.34　液相等离子喷涂枪结构

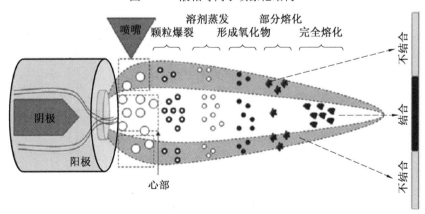

图 8.35　液相等离子喷涂原理

液相等离子喷涂系统由等离子喷涂设备、液相喂料送进系统、液相喂料雾化喷嘴组成。雾化喷嘴固定在等离子喷涂枪前端。液相喂料送进系统连续、定量地向雾化喷嘴输送液相喂料,由雾化喷嘴将喂料雾化成小液滴,喷射到高温等离子焰流中。进入高温等离子焰流后,小液滴受热,爆裂成若干个更小尺寸的液滴。由于液滴的尺寸非常小,溶剂在高温作用下立即挥发掉。剩下的溶质发生热分解,形成相应的氧化物颗粒。这些颗粒可能完全熔化或者部分熔化,高速撞击到基体上,形成涂层。

液相等离子喷涂系统中最关键的设备是液相喂料系统。图8.36为加拿大NORTHWEST METTECH公司的NanoFeed™液相等离子喷涂喂料系统。

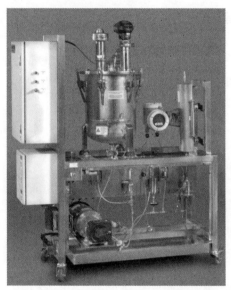

图8.36 NanoFeed™液相等离子喷涂喂料系统

8.7.6 反应等离子喷涂

反应等离子喷涂是等离子喷涂和化学反应相结合的产物,在喷涂过程中直接通过化学反应合成材料,极大地简化了材料制备过程和成本。根据反应物相的特点,反应等离子喷涂可以划分为两类。

1. 气-固反应等离子喷涂

气-固反应等离子喷涂原理如图8.37所示。将活性反应气体通入到高温等离子焰流中,在高温下和喷涂粉末发生反应,生成所需要的产物,沉积到基体表面形成涂层。用这种方法可以制备氮化物涂层、碳化物涂层、碳氮化物涂层等。

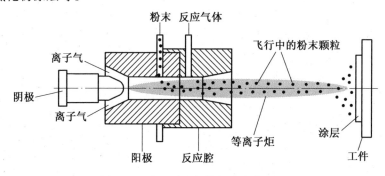

图 8.37　气–固反应等离子喷涂原理

2. 固相反应等离子喷涂

以高放热反应的反应物粉末的机械混合物作为喷涂材料,在喷涂过程中粉末发生反应,生成所需的新相。原始粉末的混合通常通过机械合金化过程完成,使粉末间充分接触,这样喷涂过程中反应进行得才能充分。

反应等离子喷涂的优点如下:

①沉积率高;

②工艺简单;

③可以获得高纯、耐热或者超硬涂层;

④成本低;

⑤和基体结合强度高;

⑥可以获得非平衡相和过渡相。

8.7.7　三阴极轴向送粉等离子喷涂

如 8.2 节所述,等离子喷涂传统的外送粉方式粉末沉积效率低、粉末加热均匀性差,研究工作者一直致力于开发内送粉等离子喷涂枪。Axial Ⅲ就是 NORTHWEST METTECH 公司开发出的三阴极轴向内送粉等离子喷涂系统,如图 8.38 所示。Axial Ⅲ 轴向送粉喷枪包括 3 对相互独立的阴阳极,3 个独立电弧通过在喷嘴处汇集,粉末通过位于喷枪轴向的送粉管送入喷嘴汇集处,从而实现真正意义上的轴向送粉。与传统的枪外送粉等离子喷涂设备相比,Axial Ⅲ 的沉积效率、送粉速率更高,孔隙率更低。根据该公司官方网站的介绍,采用 Axial Ⅲ 喷涂系统可以缩短生产时间80%,降低生产成本50%。

图 8.38　Axial Ⅲ 三阴极轴向内送粉等离子喷涂系统

8.8　等离子喷涂的危害及安全防护

8.8.1　等离子喷涂的危险及危害因素

等离子喷涂过程中的危险及危害因素包括:烟尘和粉尘、有害气体、噪声、辐射、电击、火灾及爆炸等,另外还包括使用压缩空气造成的意外伤害及机械操作意外伤害等。

1.烟尘和粉尘

等离子喷涂过程中高温等离子焰流加热喷涂粉末,会造成喷涂粉末的氧化、蒸发,产生大量烟尘。基体进行喷砂处理时会因为磨料破碎产生大量粉尘。烟尘和粉尘对人体的危害程度取决于其性质、人体吸入量、侵入途径、沉着部位等因素。

某些金属和陶瓷粉末是有毒的,如铅、铬、含铬合金(不锈钢、NiCr 合金等),Cr_3C_2,Cr_2O_3等,其烟尘也同样是有毒的,人体吸入一定量后就会产生中毒反应。

某些材料本身无毒,但在喷涂过程中会产生有毒的氧化物,如锌及含锌的合金(黄铜、锌铝合金等),在喷涂过程中会产生有毒的氧化锌,人体吸入后会出现咳嗽、头疼、发烧、恶心、呕吐、肌肉和关节疼痛等症状。

其他无毒的细微颗粒也会对人的呼吸系统产生危害。基体进行喷砂处理时,尽量不要使用石英砂或河砂。这类磨料容易粉碎,产生大量 SiO_2 粉尘,人体吸入后会得尘肺病。

还有一些活泼金属的粉尘,如 Al,Mg,Ti 等,容易发生爆炸。

2. 有害气体

等离子喷涂过程中产生的有害气体包括两类,一类是高温等离子弧和空气作用产生的,一类是由于使用了特定的喷涂材料或喷涂辅助材料而产生的。

在高温等离子弧的作用下,空气中的氧自身会发生反应,生成臭氧;氧会和氮发生反应,生成 NO,NO_2 等气体。作为强氧化剂,臭氧几乎能与任何生物组织发生反应,因此具有很强的杀菌消毒作用。也正因为如此,臭氧对眼睛和呼吸道有刺激作用,对肺功能也有影响。NO 为麻醉剂,可与血红蛋白结合引起高铁血红蛋白血症。NO_2 主要损害深部呼吸道。

喷涂碳化物金属陶瓷时,碳化物会发生一定程度的分解,分解出的碳和氧反应,会生成 CO。CO 和血红蛋白的结合能力远高于氧,人吸入后会严重阻碍血红蛋白携带氧,造成局部组织缺氧坏死,甚至造成死亡。在喷涂过程中如果存在含氯碳氢化合物,如用三氯乙烯清洗工件后存在残留,在紫外线的辐射作用下,会生成光气。光气的分子式为 $COCl_2$,是一种无色剧毒气体,又名氧氯化碳、碳酰氯等,主要损害呼吸道,导致化学性支气管炎、肺炎、肺水肿等,严重时可致死亡。

3. 噪声

等离子喷涂过程中产生噪声的来源很多,包括等离子喷涂枪、空压机、喷砂枪、排风机等,其中以等离子喷涂枪产生的噪音最严重,高达 125 ~ 135 dB。高噪声严重影响人的听力、情绪、反应灵敏性,使人疲劳、烦躁、工作效率低下。长期暴露在高噪声下,会对人的听力造成永久损害。

4. 辐射

等离子喷涂过程中产生的辐射主要包括可见光、红外线和紫外线。对人体伤害最大的是紫外线。等离子喷涂时的紫外线强度约为电焊时的 30 ~ 50 倍,能够穿透普通衣物而使人体灼伤。

5. 电击

等离子喷涂设备使用 380 V 三相交流电,操作人员存在受到电击伤害的危险。除此以外,等离子喷涂电源的空载电压、工作电压高,如国产的 GDP—80 常规等离子喷涂设备,空载电压为 155 V,最高工作电压为 80 V。新开发的大功率、超音速等离子喷涂设备的工作电压更高达 200 V 以上。操作人员发生电击伤害的危险性远高于焊接等其他设备的操作。

6. 火灾及爆炸

喷涂高熔点陶瓷材料时,通常会采用高纯氢作为喷涂辅助气体,以提高等离子焰流温度,获得性能更好的涂层。氢气属于易燃易爆气体,一旦发生泄露,极易产生爆炸或引起火灾。喷涂活泼金属如 Al,Mg,Ti 等产生的粉尘如果积累到一定浓度,也容易发生爆炸。另外,等离子喷涂为高温明火操作,等离子喷涂枪也是容易引起火灾的因素。

8.8.2 等离子喷涂的安全防护

针对等离子喷涂过程中存在的危险和危害因素,必须采取相应的防护措施,以降低人身伤害和财产损失风险。

对烟尘和粉尘、有害气体带来的危害,最有效防护措施就是通风除尘。在喷涂区域设置足够排气量的排风系统,不仅可以有效降低烟尘、粉尘、有害气体的浓度,减轻其危害,而且可以防止易爆粉尘和气体的积聚,降低爆炸发生的可能性。操作人员在进行喷涂操作时,还应佩戴防毒面具。

噪声防护的最有效措施是采用隔音喷涂室和遥控自动喷涂操作,即将自动喷涂系统安置在密闭的喷涂室中,在喷涂室墙壁、天棚等部位均铺设隔音材料。如果不得不进行手工喷涂,操作人员必须佩戴防护耳塞。

辐射防护的最佳方式也是密闭喷涂室和遥控自动喷涂操作。在进行手工操作时,操作人员必须佩戴合适的护目镜,穿厚防护服,遮蔽所有暴露部位,不可以长时间连续操作。

为防止发生电击伤害,在使用等离子喷涂设备前,必须检查电源线、绝缘件,如发现问题要及时维修或更换。设备必须严格按使用要求接地。手持喷涂枪操作时,操作者要戴绝缘手套。

为防止火灾及爆炸的发生,氢气的储运和使用必须符合 GB 4962—2008《氢气使用安全技术规程》。喷涂室内严禁堆放易燃物品,保持喷涂操作空间通风良好,除尘使用水洗湿式除尘器。不要在喷涂室内使用易燃有机溶剂清洗物品。

参考文献

[1]罗志平,邵刚勤,潘牧,等. 等离子喷涂送粉剖析及粉末均匀化处理[J]. 表面技术,1997,26(5):24-26.

[2]胡晓东,马磊,罗铖. 激光熔敷同步送粉器的研究现状[J]. 航空制造技术,2011(9):46-49.

[3]杨洪伟,栾伟玲,涂善东. 等离子喷涂技术的新进展[J]. 表面技术,2005,34(6):7-10.

[4] 邓新建,卢观威. 真空等离子喷涂技术及其设备的研究[J]. 真空, 1996(1):35-39.

[5] 邓春明,周克崧,刘敏,等. 低压等离子喷涂氧化铝涂层的特性[J]. 无机材料学报,2009,24(1):117-121.

[6] 高阳. 超低压等离子喷涂与沉积技术的发展动态[J]. 热喷涂技术, 2010,2(3):13-17.

[7] LUGSCHEIDER E, WEBER T. Plasma Spraying—An Innovative Coating Technique: Process Variants and Applications[J]. IEEE Transactions on Plasma Science, 1990, 18(6): 968-973.

[8] BOULOS M I. RF Induction Plasma Spraying: State-of-the-Art Review [J]. Journal of Thermal Spray Technology, 1992, 1(1): 33-40.

[9] WANG Y, COYLE T W. Solution Precursor Plasma Spray of Nickel-Yittia Stabilized Zirconia Anodes for Solid Oxide Fuel Cell Application[J]. Journal of Thermal Spray Technology, 2007, 16(5-6): 898-904.

[10] 张慧,姜秀. 80 kW 高性能可控硅等离子喷涂电源的研制[J]. 等离子加工技术,1999(增刊):44-45.

[11] 杜贵平,黄石生. 等离子喷涂能量传递特征及其高效电源研究[J]. 表面技术,2005,34(1):8-10.

[12] 王永锋. 逆变等离子喷涂电源的研制[J]. 有色金属,2006(增刊): 100-103.

[13] 周庆生. 等离子喷涂技术[M]. 江苏:江苏科学技术出版社,1982.

[14] 邓世均. 高性能陶瓷涂层[M]. 北京:化学工业出版社,2003.

[15] 陈克选,李春旭. PLC 控制等离子喷涂设备的研制[J]. 甘肃工业大学学报,1999,25(1):18-21.

[16] 李春旭,张成,陈克选. 采用分布式控制的等离子喷涂系统[J]. 甘肃工业大学学报,2000,26(4):10-12.

[17] 张东辉,郝勇超. 国内外等离子喷涂设备现状及发展趋势[J]. 航空制造技术,2003(7):23-24.

[18] BRINLEY E, BABU K S, SEAL S. The Solution Precursor Plasma Spray Processing of Nanomaterials[J]. Functional Coatings, 2007(7):54-57.

[19] VASEN R, KASNER H, MAUER G, et al. Suspension Plasma Spraying: Process Characteristics and Applications[J]. Journal of Thermal Spray Technology,2010, 19(1-2): 219-225.

[20]TINGAUD O, GRIMAUD A, DENOIRJEAN A, et al. Suspension Plasma-Sprayed Alumina Coating Structures: Operating Parameters Versus Coating Architecture[J]. Journal of Thermal Spray Technology,2008, 17 (5-6): 662-670.

[21]KILLINGER A, GADOW R, MAUER G, et al. Review of New Developments in Suspension and Solution Precursor Thermal Spray Processes[J]. Journal of Thermal Spray Technology, 2011, 20(4): 667-695.

[22]KASSNER H, SIEGERT R, HATHIRAMAM D, et al. Application of Suspension Plasma Spraying (SPS) for Manufacture of Ceramic Coatings [J]. Journal of Thermal Spray Technology,2008, 17(1): 115-123.

[23]WANG Y, COYLE T W. Solution Precursor Plasma Spray of Nickel-Yittia Stabilized Zirconia Anodes for Solid Oxide Fuel Cell Application[J]. Journal of Thermal Spray Technology, 2007, 16(5-6): 898-904.

[24]汪刘应,王汉功,华绍春,等.多功能微弧等离子喷涂技术[J].焊接学报,2006,27(2):81-84.

[25]DEY A, NANDI S K, KUNDU B, et al. Evaluation of hydroxyapatite and β-tri calcium phosphate microplasma spray coated pin intra-medullary for bone repair in a rabbit model[J]. Ceramics International, 2011 (37): 1377-1391.

[26]韩志海,王海军,白宇,等.超音速等离子喷涂制备细密柱晶结构热障涂层研究进展[J].热喷涂技术,2011,3(2):1-14.

[27]BAI Y, HAN Z H, LI H Q,et al. Structure – property differences between supersonic and conventional atmospheric plasma sprayed zirconia thermal barrier coatings [J]. Surface & Coatings Technology, 2011 (205): 3833-3839.

[28]王海军,朱胜,郭永明等.高效能超音速等离子喷涂系统及其应用[J].金属加工,2008,(18):38-42.

[29]ZHU Lin, HE Jining, YAN Dianran. Synthesis and microstructure observation of titanium carbonitride nanostructured coatings using reactive plasma spraying in atmosphere[J]. Applied Surface Science, 2011(257): 8722-8727.

[30]TEKMEN C, TSUNEKAWA Y, OKUMIYA M. In-situ TiB_2 and Al_2O_3 formation by DC plasma spraying[J]. Surface & Coatings Technology, 2008(202): 4170-4175.

[31] 于加洋. 反应热喷涂技术的研究进展[J]. 黑龙江科技信息, 2007 (20):8.

[32] 王磊. 热喷涂的职业危害与防护措施[J]. 热喷涂技术, 2010, 2(3): 70-72.

[33] 中华人民共和国国家质量监督检验检疫总局, 中国国家标准化管理委员会. GB 11375-1999 金属和其他无机覆盖层热喷涂操作安全 [M]. 北京:中国标准出版社, 2000.

[34] 陈丽梅, 李强. 等离子喷涂技术现状及发展[J]. 热处理技术与装备, 2006(1):1-5.

[35] 段忠清, 王泽华, 林萍华, 等. 等离子喷涂技术发展现状及其应用研究[J]. 滁州职业技术学院学报, 2006(4):49-51.

[36] 马岳, 段祝平, 杨治星, 等. 表面等离子喷涂材料研究的现状及发展[J]. 表面技术, 1999(4):1-4.

[37] 江志强, 席守谋, 李华伦. 等离子喷涂陶瓷涂层封孔处理的现状与展望[J]. 兵器材料科学与工程, 1999(3):57-61.

[38] 周静, 韦云隆, 张隆平, 等. 等离子喷涂耐磨涂层及热障涂层的新进展[J]. 表面技术, 2001(2):23-25.

[39] 张志彬, 阎殿然, 高国旗, 等. 等离子喷涂氧化锆涂层封孔处理的研究现状[J]. 陶瓷, 2009(1):30-33.

[40] 刘英凯, 江斌, 辛俊峰, 等. 等离子喷涂陶瓷涂层的现状与应用[J]. 山东陶瓷, 2009(1):19-22.

[41] 邢亚哲, 郝建民. 等离子喷涂陶瓷涂层的研究进展[J]. 热加工工艺, 2009(8):99-103.

[42] 夏继梅. 等离子喷涂制备耐磨涂层研究进展[J]. 现代制造技术与装备, 2009(4):23-26.

[43] 丁传贤, 刘宣勇, 王国成. 等离子喷涂纳米氧化锆涂层研究进展[J]. 中国表面工程, 2009(5):1-6.

[44] 王超, 宋仁国. 等离子喷涂制备纳米结构涂层研究进展[J]. 热加工工艺, 2010(4):105-108.

[45] 龚志强, 吴子健, 吕艳红, 刘焱飞. 等离子喷涂纳米 Al_2O_3-13% TiO_2 涂层的研究现状和展望[J]. 热喷涂技术, 2010(2):1-6.

[46] 安家财, 杜三明, 肖宏滨, 等. 等离子喷涂陶瓷耐磨涂层的研究进展[J]. 热加工工艺, 2010(24):140-143.

[47]薛家祥,黄石生.等离子喷涂技术的现状与展望[J].焊接技术,1995(2):33-35.

[48]张志坚.高温等离子喷涂应用进展综述[J].云南冶金,1997(4):41-47.

[49]左敦稳,张春明,王珉.等离子喷涂技术研究与发展现状[J].机械制造,1998(9):4-6.

[50]张东辉,郝勇超.国内外等离子喷涂设备现状及发展趋势[J].航空制造技术,2003(7):23-24.

[51]杨洪伟,栾伟玲,涂善东.等离子喷涂技术的新进展[J].表面技术,2005(6):7-10.

[52]徐鹏,宋仁国,王超.大气等离子喷涂氧化锆热障涂层研究进展[J].热加工工艺,2011(12):114-117.

[53]唐家伟,谢淑兰,潘鑫.等离子喷涂涂层的研究进展[J].热喷涂技术,2011(2):35-39.

[54]姚燚红,王泽华,周泽华,等.反应等离子喷涂技术的研究进展[J].机械工程材料,2011(12):1-5.

[55]王吉孝,蒋士芹,庞凤祥.等离子喷涂技术现状及应用[J].机械制造文摘(焊接分册),2012(1):18-22.

[56]孙启臣,张晓丽,张虎.等离子喷涂喷枪的研究现状及发展趋势[J].现代制造工程,2012(8):133-137.

[57]高荣发.等离子喷涂技术的新进展[J].材料保护,1989(2):40-45.

[58]薛春霞,朱云龙.超音速等离子喷涂制备陶瓷涂层的研究进展[J].硅酸盐通报,2012(4):884-887.

第9章 堆 焊

电弧作为一种高温热源可以熔化各种金属材料,被广泛地应用于焊接技术领域。当被电弧熔化的焊接材料不是用于连接工件,而是在工件表面形成一层成分和性能不同于被焊工件的,具有耐磨、防腐等特殊性能的表层时,这一焊接过程称为电弧堆焊,所形成的表层称为堆焊层。

9.1 手工电弧堆焊

手工电弧堆焊是最常见的一种电弧堆焊方法,堆焊时使用一般的电焊机,焊接材料为堆焊焊条。其堆焊操作过程和一般的手工电弧焊操作过程类似,如图9.1所示。

在手工电弧堆焊过程中,电弧的一极接在工件上,工件母材在电弧热的作用下发生局部熔化。熔化的母材金属和熔化的焊条金属混合在一起形成堆焊熔池,熔池金属凝固后形成堆焊层。熔化的母材金属在堆焊层金属中所占的百分比,称为堆焊金属的稀释率。母材金属和堆焊金属的成分一般是不同的,母材金属混入堆焊层中,通常都会造成堆焊层金属性能的下降,稀释率越高,堆焊层性能下降越严重。

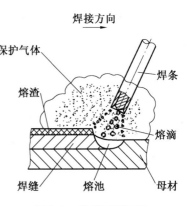

图9.1 堆焊过程原理

为降低堆焊金属稀释率,可以采用双电极焊条进行堆焊,如图9.2所示。此时焊机的两极分别接在焊条的两极上,工件不接电源。焊接时,电弧在焊条的两个电极间燃烧,母材只受到电弧弧柱区的加热,熔化量很小,可以大幅度减小堆焊金属稀释率。

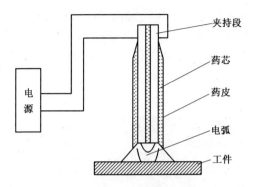

图9.2 双电极焊条堆焊

9.2 埋弧堆焊

埋弧堆焊是一种自动化堆焊工艺,原理如图9.3所示。在待焊母材和焊丝周围覆盖有一层焊剂,堆焊过程中,电弧在焊剂下燃烧,熔化焊丝和母材,形成熔池,熔池凝固后形成堆焊层。覆盖在电弧上的焊剂遮住了弧光,避免了对操作人员的辐射伤害。焊剂在电弧热的作

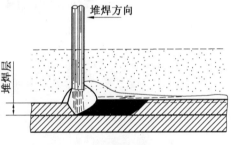

图9.3 埋弧堆焊原理

用下熔化,形成熔渣,凝固后变成渣壳,对焊缝有保护作用。埋弧堆焊过程中没有弧光,没有飞溅,如图9.4所示。

图9.4 埋弧堆焊过程

　　埋弧堆焊焊丝可以是实芯焊丝、药芯焊丝,也可以是带状电极。当采用带状电极进行堆焊时,称为带极埋弧堆焊,如图9.5所示。埋弧堆焊还可以采用多丝进行堆焊。ESAB 公司开发的集成冷丝技术 ICE™(Integrated Cold Electrode),使用了 4 根焊丝,可以大幅度提高堆焊效率,降低堆焊金属稀释率。集成冷丝埋弧焊设备如图9.6所示。

图9.5　带极埋弧堆焊

图9.6　集成冷丝埋弧焊设备

9.3 熔化极气体保护堆焊

熔化极气体保护（MIG/MAG）堆焊是一种常用的自动化堆焊方法，其焊接过程和普通 MIG/MAG 焊接类似，如图9.7 所示。焊丝和工件之间建立的电弧同时熔化焊丝和工件，熔化金属凝固形成堆焊层。采用直流 MIG/MAG 堆焊，对基体的热输入量较大，堆焊金属稀释率较大，还会造成较大的基体变形。脉冲 MIG/MAG 减少了对基体的热输入，特别是对稀释率控制要求比较高的应用，可以有效提高堆焊质量。图9.8 所示为在锅炉水冷壁上直流 MAG 堆焊和脉冲 MAG 堆焊焊镍基合金的对比。

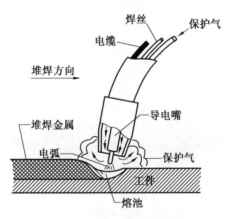

图9.7 熔化极气体保护堆焊

(a) 直流 MAG 堆焊

(b) 脉冲 MAG 堆焊

图9.8 直流 MAG 和脉冲 MAG 堆焊对比

9.4　钨极氩弧堆焊

钨极氩弧堆焊(TIG Cladding)和钨极氩弧焊类似,原理如图9.9所示。钨极氩弧焊可以填丝也可以不填丝,但钨极氩弧堆焊却一定要填丝。为了提高堆焊效率,通常采用热丝,用于内表面堆焊的热丝钨极氩弧堆焊如图9.10所示。

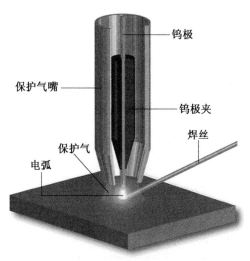

图9.9　钨极氩弧堆焊原理

图9.10　用于内表面堆焊的热丝钨极氩弧堆焊

9.5 自保护药芯焊丝明弧堆焊

埋弧堆焊需要焊剂对堆焊区进行保护,气体保护堆焊需要保护气体对堆焊区进行保护。额外的保护用材料不仅增加了堆焊成本,而且增加了堆焊机构的复杂程度。自保护药芯焊丝明弧堆焊采用在药芯焊丝中添加造气剂,利用造气剂在焊接时生成的气体对堆焊区进行保护,不需要额外的保护措施,简化了堆焊工艺,在堆焊领域获得了飞速发展。自保护药芯焊丝明弧堆焊如图 9.11 所示。

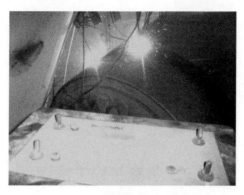

图 9.11 自保护药芯焊丝明弧堆焊

9.6 冷金属过渡(CMT)堆焊

冷金属过渡(Cold Metal Transfer,CMT)焊接是奥地利福尼斯(Fronius)公司开发的一种低热输入 MIG/MAG 焊技术。CMT 焊接是一种短路过渡 MIG/MAG 焊工艺。常规的 MIG/MAG 焊短路过渡在短路时,流过焊丝和母材的电流迅速增加,熔滴被大电流破断,实现熔滴过渡。大电流意味着对母材的热输入也高,而使用 CMT 焊接工艺,在熔滴和熔池短路瞬间,控制系统将焊接电源电流降为接近零,送丝机构将焊丝回抽,使熔滴过渡到熔池中去。短路时没有大电流流经母材,因此母材的热输入很低。CMT焊接熔滴过渡过程如图 9.12 所示。CMT 焊接设备如图 9.13 所示。

CMT 工艺对母材的热输入很低,非常适合于进行低稀释率堆焊。通过合理的工艺控制,CMT 堆焊的稀释率可以低至 6%。

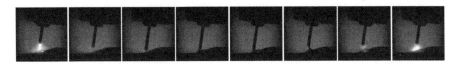

图 9.12　CMT 焊接熔滴过渡过程

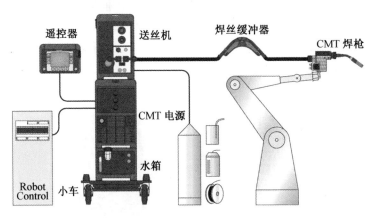

图 9.13　CMT 焊接设备

9.7　等离子粉末堆焊

等离子粉末堆焊又称为等离子喷焊或等离子熔敷,是采用转移型等离子弧为热源,以自熔性合金粉末为填充材料的一种表面强化方法。等离子粉末堆焊原理如图 9.14 所示。

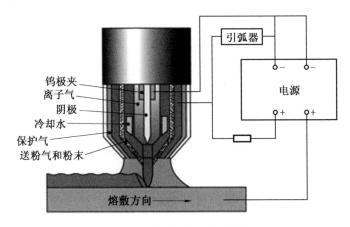

图 9.14　等离子粉末堆焊原理

氩气经过电磁阀和流量计进入等离子粉末堆焊枪,在枪体的水冷紫铜喷嘴内,高频击穿钨极和阳极之间的气体间隙,引燃非转移弧。在工件与钨极间借助非转移弧过渡引燃转移弧,利用等离子弧的热量熔化工件表面,形成熔池,自熔性合金粉末在送粉气流的吹力作用下,从堆焊枪嘴部位吹入电弧中,经电弧加热后进入到熔池里。随着堆焊枪不断向前移动,熔池逐渐凝固,便在工件表面获得所需要的合金堆焊层。

等离子粉末堆焊所用等离子弧为转移型等离子弧。为了保持堆焊层的成分和性能,堆焊时在保证良好结合的前提下,需要控制基体的熔深尽可能浅,以降低堆焊金属稀释率。因此,等离子弧的穿透力不能过强。一般等离子粉末堆焊枪喷嘴的压缩比都控制在 1 以内。等离子粉末堆焊枪结构如图 9.15 所示。图 9.16 所示为司泰立公司生产的等离子粉末堆焊枪。

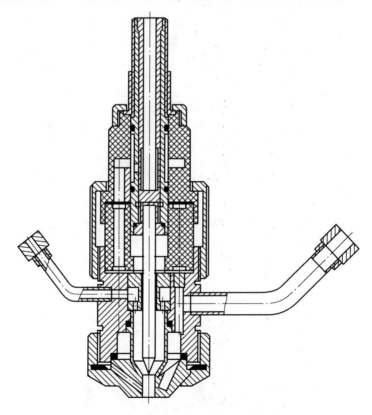

图 9.15　等离子粉末堆焊枪结构

图 9.16　等离子粉末堆焊枪

等离子粉末堆焊设备由等离子电源、等离子粉末堆焊枪、送粉器、控制系统及冷却系统、供气系统、堆焊枪及工件运动系统等组成,如图 9.17 所示。图 9.18 所示为自动等离子粉末堆焊系统实物照片。

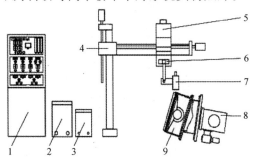

图 9.17　自动等离子粉末堆焊系统结构示意图
1—喷焊控制柜;2—转移弧电源;3—非转移弧电源;4—操作机;
5 -送粉器;6—摆动器;7—堆焊枪;8—变位机;9—工件

图 9.18　自动等离子粉末堆焊系统

9.8 等离子熔化注射和氩弧熔敷注射

由于和金属材料容易实现良好结合,金属陶瓷作为堆焊耐磨层的增强材料应用十分广泛。但在堆焊过程中,会出现硬质相分解、偏聚,堆焊层开裂等问题。

在耐磨层的制备过程中,无论是采用氧乙炔堆焊、电弧堆焊,还是等离子粉末堆焊、激光熔覆,无论外加合金粉末和金属陶瓷颗粒是预先涂敷在工件上,还是在制备过程中同步送入,金属陶瓷颗粒都和热源产生强烈热作用,发生部分或全部分解,使堆焊层耐磨性降低。分解出的合金元素以及碳、氮等非金属元素溶入到液态金属中去,导致堆焊金属凝固后硬度大幅度增加,韧性严重下降,在热应力的作用下很容易产生裂纹。要避免金属陶瓷的分解,关键在于降低金属陶瓷颗粒受到的热作用。通过以下两个方案可以实现:第一,避免金属陶瓷颗粒和热源发生作用;第二,缩短金属陶瓷颗粒在熔池中的停留时间。

如果堆焊的是碳化钨颗粒,还会出现碳化钨沉底问题。碳化钨颗粒大量偏聚在熔池底部,加大了耐磨层和基体热膨胀系数的差异,使堆焊层开裂倾向大大增加。要降低这一倾向,最重要的就是缩短碳化钨颗粒在熔池中的停留时间。

为解决这些问题,作者先后开发了等离子熔化注射技术和氩弧熔敷注射技术。

等离子熔化注射技术原理如图 9.19 所示。采用焊接用转移型等离子弧对基体进行表面熔化,当等离子弧移动时在基体表面形成水滴状熔池,用高速氩气流将金属陶瓷颗粒注射进熔池尾部。在整个过程中金属陶瓷颗粒和等离子弧热源没有接触,避免了等离子弧的加热作用。而且熔池尾部温度较低,即将凝固,从金属陶瓷颗粒进入熔池到熔池凝固的时间间隔很短,金属陶瓷颗粒受熔池的热作用较小。这两方面的作用可以有效防止金属陶瓷颗粒的受热分解,使堆焊金属保持良好韧性,从而避免堆焊层开裂。采用等离子熔化注射技术制备的碳化钨耐磨层显微组织如图 9.20 所示。

在实验过程中发现,熔化的基体金属表面张力较大,不利于金属陶瓷颗粒进入熔池,而在基体表面涂覆一层自熔性合金后,熔池金属表面张力大幅度降低,而且熔化过程可以采用氩弧实现。这就是氩弧熔敷注射,如图 9.21 所示。采用氩弧熔敷注射制备的碳化钨堆焊层显微组织如图 9.22 所示。

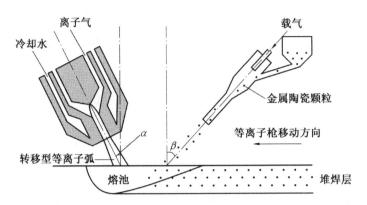

图 9.19 等离子熔化注射技术原理示意图

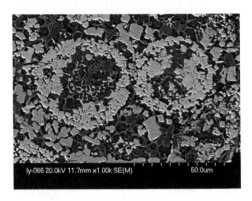

图 9.20 等离子熔化注射技术制备的碳化钨耐磨层显微组织

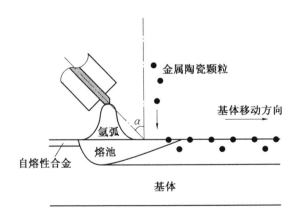

图 9.21 氩弧熔敷注射原理示意图

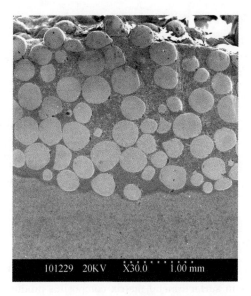

图 9.22　氩弧熔敷注射制备的碳化钨堆焊层显微组织

参考文献

[1] 赵敏海,刘爱国,郭面焕. WC 颗粒增强耐磨材料的研究现状[J]. 焊接,
2006(11):26-29.

[2] 周二华,曾晓雁,吴新伟,等. A3 钢表面激光熔敷 Fe/WC 金属陶瓷复
合层的研究[J]. 激光技术,1997,21(1):34-37.

[3] 曾晓雁,陶曾毅,朱蓓蒂,等. 激光制备金属陶瓷复合层技术的现状及
展望[J]. 材料科学与工程,1995,13(4):8-14.

[4] WOOD R J K. Tribology of thermal sprayed WC-Co coatings[J]. International Journal of Refractory Metals and Hard Materials, 2010, 28(1): 82-94.

[5] 曲仕尧,王新洪,邹增大,等. WC 硬质合金颗粒堆焊烧损的机理[J]. 焊
接学报,2001,22(2):85-88.

[6] XIE Guozhi, SONG Xiaolong, ZHANG Dongjie, et al. Microstructure and corrosion properties of thick WC composite coating formed by plasma cladding[J]. Applied Surface Science, 2010, 256(21): 6354-6358.

[7] 吴新伟,曾晓雁,朱蓓蒂,等. 镍基 WC 金属陶瓷激光熔覆涂层的熔化烧
损规律[J]. 金属学报,1997,33(12):1283-1288.

[8]周继烈,程耀东.Ni 基 WC 金属陶瓷激光熔覆开裂特性的试验研究[J].电加工与模具,2003(4):32-35.

[9]杜利平,梁二军,陈长青,等.CeO₂ 对镍基碳化钨激光熔覆层性能的影响[J].激光技术,2002,26(5):354-356.

[10]周昌炽,唐西南,查莹,等.激光熔覆金属合金和 WC 复合涂层及其应用[J].清华大学学报(自然科学版),1998,38(10):32-34.

[11] RIABKINA - FISHMAN M, RABKIN E, LEVIN P, et al. Laser produced functionally graded tungsten carbide coatings on M2 high - speed tool steel[J]. Materials Science and Engineering, 2001(A302):106-114.

[12]王慧萍,戴建强,张光钧,等.激光熔覆制备纳米 WC/Co 复合涂层的研究[J].实验室研究与探索,2005,24(12):21-24.

[13] LIU Aiauo, GUO Mianhuan, HU Hailong. Distribution and dissolution of WC particles in surface metal matrix composites produced by plasma melt injection[J]. Surface Engineering, 2010, 26(8): 623-628.

[14] LIU Aiguo, GUO Mianhuan, HU Hailong, et al. Microstructure of Cr₃C₂-reinforced surface metal matrix composite produced by gas tungsten arc melt injection[J]. Scripta Materialia, 2008, 59: 231-234.

[15]徐滨士,朱绍华.表面工程的理论与技术[M].北京:国防工业出版社,1999.

[16]赵昆,程志国.优质高耐磨性堆焊技术——复合材料等离子弧堆焊及其现状[J].焊接,1999(2):5-8.

[17]单际国,董祖珏,徐滨士.我国堆焊技术的发展及其在基础工业中的应用现状[J].中国表面工程,2002(4):19-22.

[18]完卫国.用手工电弧堆焊制造及修复工具[J].工具技术,2000(3):29-32.

[19]朱志明,于松涛,何仕贵.φ3.2 药芯焊丝自保护堆焊工艺过程控制[J].焊接技术,2000(S1):1-33.

[20]李辉,单际国,任家烈.同步送粉高能束粉末堆焊技术的研究现状[J].热加工工艺,2001(4):53-55.

[21]杨庆祥,高聿为,廖波,等.中高碳钢堆焊技术的应用及研究进展[J].燕山大学学报,2001(4):301-304.

[22]崔荣荣.低合金钢管板的带极埋弧堆焊工艺[J].化学工业与工程技术,2009(3):40-42.

[23]曹梅青,邹增大,张顺善,等.双丝间接电弧气体保护焊工艺研究[J].
    山东科技大学学报(自然科学版),2009(5):58-62.

[24]杨威,张海燕,尼军杰.原料立磨的自保护堆焊技术[J].新世纪水泥
    导报,2009(6):51-54.

[25]向永华,徐滨士,吕耀辉,等.自动化等离子堆焊技术在发动机缸体再
    制造中的应用[J].中国表面工程,2009(6):72-76.

[26]李立英,邹增大,韩彬.双电极焊条单弧焊焊缝组织与性能研究[J].
    焊管,2010(7):17-20.

[27]张潆月,包晔峰,蒋永锋,等.轧辊堆焊的现状和发展趋势[J].电焊
    机,2010(10):17-20.

[28]李明,高捷,李辉.阀门密封面粉末等离子堆焊钴基合金技术研
    究[J].阀门,2010(6):8-12.

[29]张改梅,王伟,张海鸥,等.面向RMP的等离子堆焊过程自动控制技术
    研究[J].电焊机,2003(6):16-18.

[30]周旭辉,胡传顺,王革,等.带极堆焊中的电弧磁控技术研究进展[J].
    抚顺石油学院学报,2003(2):43-46.

[31]李磊.石油钻采阀门内壁热丝TIG堆焊[J].电焊机,2005(12):49-
    51.

[32]杨修荣.超薄板的CMT冷金属过渡技术[J].焊接,2005(12):52-54.

[33]汪瑞军,徐林,黄小鸥.等离子粉末堆焊技术在石化工业的应用[J].
    焊接,2003(1):24-26.

[34]邹增大,韩彬,曲仕尧,等.双电极焊条单弧焊工艺[J].焊接学报,
    2004(2):15-18.

[35]王振家,徐洪峰,钏晔.熔敷钴基合金的TIG堆焊技术[J].焊接,
    2004(5):23-26.

[36]董丽虹,朱胜,徐滨士,等.耐磨损耐腐蚀粉末等离子弧堆焊技术的研
    究进展[J].焊接,2004(7):6-9.

[37]胡炜,刘荣军.16MnR管板带极埋弧堆焊工艺[J].中国化工装备,
    2005(1):16-19.

[38]黄庆云.埋弧自动堆焊技术在抗磨料磨损方面的新进展[J].中国设
    备管理,1989(2):22-23.

[39]俞增强.水轮机部件的不锈钢药芯焊丝MIG堆焊[J].焊接.1991(8):
    15-19.

[40]王文安.连铸机辊子堆焊的新进展[J].连铸,1994(1):41.

[41] 刘元富,韩建民,徐向阳,等.等离子熔敷 Cr_7C_3 金属陶瓷增强复合涂层组织与耐磨性研究[J].摩擦学学报,2006(3):270-274.

[42] 李鹤岐,高东锋,李春旭,等.三偏心蝶阀蝶板自动等离子堆焊跟踪控制系统的研究[J].兰州理工大学学报,2006(3):11-13.

[43] 陈庆文,徐柳滨.等离子堆焊技术在电站阀门中的应用[J].锅炉制造,2007(1):52-53.

[44] 章友谊,屈金山,李娟,等.手工电弧堆焊接头组织及微动磨损性能研究[J].热加工工艺,2007(3):13-16.

[45] 刘海滨,孟凡军,巴德玛.45CrNiMoVA 钢 MIG 堆焊层组织及性能研究[J].中国表面工程,2007(3):39-42.

[46] 陈克选,杜永鹏,腾玉林,等.特殊型面等离子堆焊传感跟踪系统研究[J].电焊机,2007(12):10-12.

[47] 廖国平.核电站稳压器封头带极埋弧堆焊工艺技术[J].压力容器,2008(5):21-25.

[48] 于华,高轲,吴志伟,等.大型构件埋弧堆焊不锈钢耐磨层工艺[J].焊接技术,2011(1):60-62.

[49] 朱宇虹,耿志卿.薄板焊接的极限——CMT 冷金属过渡焊接技术[J].电焊机,2011(4):69-71.

[50] 王萌萌,井建,唐琳琳.埋弧堆焊技术在耐磨领域中的研究及应用[J].价值工程,2011(28):35-36.

[51] 周方明,张富强,缪保海,等.MIG 堆焊在大功率柴油机排气阀再制造中的应用[J].电焊机,2012(5):86-89.

[52] 马耀东,李德全,杨景山.阀门等离子堆焊工艺研究[J].重工与起重技术,2005(3):17-19.

[53] LIU Aiguo, GUO Mianhuan, Hu Hailong. Improved Wear resistance of Low Carbon steel with Plasma Melt Injection of WC Particles[J]. Journal of Materials Engineering and Performance, 2010, 19(6): 848-851.

[54] LIU Aiguo, Guo Mianhuan, Zhao Minhai, et al. Microstructures and wear resistance of large WC particles reinforced surface metal matrix composites produced by plasma melt injection[J]. Surface and Coatings Technology, 2007(201): 7978-7982.

[55] GUO Mianhuan, LIU Aiguo, ZHAO Minhai, et al. Microstructure and wear resistance of low carbon steel surface strengthened by plasma melt injection of SiC particles[J]. Surface and Coatings Technology, 2008

(202): 4041-4046.

[56] ZHAO Minhai, LIU Aiguo, GUO Mianhuan, et al. WC Reinforced Surface Metal Matrix Composite Produced by Plasma Melt Injection[J]. Surface and Coatings Technology, 2006(201): 1655-1659.

术语索引